上海出版资金项目
Shanghai Publishing Funds

创新应用型数字交互规划教材
机械工程

机械装备结构设计

丁晓红·主编

U0188091

上海科学技术出版社

国家一级出版社
全国百佳图书出版单位

内 容 提 要

本书详细阐述了机械装备结构设计的基本原理和方法。全书共分8章,第1章介绍机械装备结构设计的内涵、一般要求和基本过程;第2章介绍典型加工工艺(切削、铸造、焊接及塑性成形)对零件结构设计的要求;第3章至第7章以机床结构为例,详细介绍机床主要系统和结构的设计要求、设计原则;第8章介绍机械装备结构优化设计方法。本书依托增强现实(AR)技术,将视频、彩色图片等数字资源与纸质教材交互,为读者和用户带来更丰富有效的阅读体验。

本书可作为高等院校机械工程类专业的本科教材,也可供相关专业研究生、科研人员和工程技术人员参考。

图书在版编目(CIP)数据

机械装备结构设计 / 丁晓红主编. —上海:上海
科学技术出版社,2018.1(2025.2重印)
创新应用型数字交互规划教材.机械工程
ISBN 978-7-5478-3674-3

Ⅰ.①机…　Ⅱ.①丁…　Ⅲ.①机械设备-结构设计-
高等学校-教材　Ⅳ.①TH12

中国版本图书馆 CIP 数据核字(2017)第 194308 号

机械装备结构设计

丁晓红　主编

上海世纪出版(集团)有限公司
上海 科 学 技 术 出 版 社　出版、发行
(上海市闵行区号景路 159 弄 A 座 9F-10F)
邮政编码 201101　www.sstp.cn
上海新华印刷有限公司印刷
开本 787×1092　1/16　印张 11.75
字数:300 千字
2018 年 1 月第 1 版　2025 年 2 月第 4 次印刷
ISBN 978-7-5478-3674-3/TH·70
定价:49.00 元

_____

支持单位

（按首字拼音排序）

德玛吉森精机公司

东华大学

ETA(Engineering Technology Associates，Inc.)中国分公司

华东理工大学

雷尼绍(上海)贸易有限公司

青岛海尔模具有限公司

瑞士奇石乐(中国)有限公司

上海大学

上海电气集团上海锅炉厂有限公司

上海电气集团上海机床厂有限公司

上海高罗输送装备有限公司技术中心

上海工程技术大学

上海理工大学

上海麦迅惯性航仪技术有限公司

上海麦迅机床工具技术有限公司

上海师范大学

上海新松机器人自动化有限公司

上海应用技术大学

上海紫江集团

上汽大众汽车有限公司

同济大学

西门子工业软件(上海)研发中心

浙江大学

中国航天科技集团公司上海航天设备制造总厂

丛 书 序

在"中国制造2025"国家战略指引下,在"深化教育领域综合改革,加快现代职业教育体系建设,深化产教融合、校企合作,培养高素质劳动者和技能型人才"的形势下,我国高教人才培养领域也正在经历又一重大改革,制造强国建设对工程科技人才培养提出了新的要求,需要更多的高素质应用型人才,同时随着人才培养与互联网技术的深度融合,尽早推出适合创新应用型人才培养模式的出版项目势在必行。

教科书是人才培养过程中受教育者获得系统知识、进行学习的主要材料和载体,教材在提高人才培养质量中起着基础性作用。目前市场上专业知识领域的教材建设,普遍存在建设主体是高校,而缺乏企业参与编写的问题,致使专业教学教材内容陈旧,无法反映行业技术的新发展。本套教材的出版是深化教学改革,践行产教融合、校企合作的一次尝试,尤其是吸收了较多长期活跃在教学和企业技术一线的专业技术人员参与教材编写,有助于改善在传统机械工程向智能制造转变的过程中,"机械工程"这一专业传统教科书中内容陈旧、无法适应技术和行业发展需要的问题。

另外,传统教科书形式单一,一般形式为纸媒或者是纸媒配光盘的形式。互联网技术的发展,为教材的数字化资源建设提供了新手段。本丛书利用增强现实(AR)技术,将诸如智能制造虚拟场景、实验实训操作视频、机械工程材料性能及智能机器人技术演示动画、国内外名企案例展示等在传统媒体形态中无法或很少涉及的数字资源,与纸质产品交互,为读者带来更丰富有效的体验,不失为一种增强教学效果、提高人才培养的有效途径。

本套教材是在上海市机械专业教学指导委员会和上海市机械工程学会先进制造技术专业委员会的牵头、指导下,立足国内相关领域产学研发展的整体情况,来自上海交通大学、上海理工大学、同济大学、上海大学、上海应用技术大学、上海工程技术大学等近10所院校制造业学科的专家学者,以及来自江浙沪制造业名企及部分国际制造业名企的专家和工程师等一并参与的内容创作。本套创新教材的推出,是智能制造专业人才培养的融合出版创新探索,一方面体现和保持了人才培养的创新性,促使受教育者学会思考、与社会融为一体;另一方面也凸显了新闻出版、文化发展对于人才培养的价值和必要性。

中国工程院院士

丛书前言

进入 21 世纪以来，在全球新一轮科技革命和产业变革中，世界各国纷纷将发展制造业作为抢占未来竞争制高点的重要战略，把人才作为实施制造业发展战略的重要支撑，改革创新教育与培训体系。我国深入实施人才强国战略，并加快从教育大国向教育强国、从人力资源大国向人力资源强国迈进。

《中国制造 2025》是国务院于 2015 年部署的全面推进实施制造强国战略文件，实现"中国制造 2025"的宏伟目标是一个复杂的系统工程，但是最重要的是创新型人才培养。当前随着先进制造业的迅猛发展，迫切需要一大批具有坚实基础理论和专业技能的制造业高素质人才，这些都对现代工程教育提出了新的要求。经济发展方式转变、产业结构转型升级急需应用技术类创新型、复合型人才。借鉴国外尤其是德国等制造业发达国家人才培养模式，校企合作人才培养成为学校培养高素质高技能人才的一种有效途径，同时借助于互联网技术，尽早推出适合创新应用型人才培养模式的出版项目势在必行。

为此，在充分调研的基础上，根据机械工程的专业和行业特点，在上海市机械专业教学指导委员会和上海市机械工程学会先进制造技术专业委员会的牵头、指导下，上海科学技术出版社组织成立教材编审委员会和编写委员会，联络国内本科院校及一些国内外大型名企等支持单位，搭建校企交流平台，启动了"创新应用型数字交互规划教材｜机械工程"的组织编写工作。本套教材编写特色如下：

1. 创新模式、多维教学。 教材依托增强现实（AR）技术，尽可能多地融入数字资源内容（如动画、视频、模型等），突破传统教材模式，创新内容和形式，帮助学生提高学习兴趣，突出教学交互效果，促进学习方式的变革，进行智能制造领域的融合出版创新探索。

2. 行业融合、校企合作。 与传统教材主要由任课教师编写不同，本套教材突破性地引入企业参与编写，校企联合，突出应用实践特色，旨在推进高校与行业企业联合培养人才模式改革，创新教学模式，以期达到与应用型人才培养目标的高度契合。

3. 教师、专家共同参与。 主要参与创作人员是活跃在教学和企业技术一线的人员，并充分吸取专家意见，突出专业特色和应用特色。在内容编写上实行主编负责下的民主集中制，按照应用型人才培养的具体要求确定教材内容和形式，促进教材与人才培养目标和质量的接轨。

4. 优化实践环节。 本套教材以上海地区院校为主，并立足江浙沪地区产业发展的整体情况。参与企业整体发展情况在全国行业中处于技术水平比较领先的位置。增加、植入这些企业中当下的生产工艺、操作流程、技术方案等，可以确保教材在内容上具有技术先进、工艺领先、案例新颖的特色，将在同类教材中起到一定的引领作用。

5. 与国际工程教育认证接轨。 增设与国际工程教育认证接轨的"学习成果达成要求"，即本套教材在每章开始，明确说明本章教学内容对学生应达成的能力要求。

本套教材"创新、数字交互、应用、规划"的特色，对避免培养目标脱离实际的现象将起到较好作用。

丛书编委会先后于上海交通大学、上海理工大学召开 5 次研讨会，分别开展了选题论证、选题启动、大纲审定、统稿定稿、出版统筹等工作。目前确定先行出版 10 种专业基础课程教材，具体包括《机械工程测试技术基础》《机械装备结构设计》《机械制造技术基础》《互换性与技术测量》《机械 CAD/CAM》《工业机器人技术》《机械工程材料》《机械动力学》《液压与气动技术》《机电传动与控制》。教材编审委员会主要由参加编写的高校教学负责人、教学指导委员会专家和行业学会专家组成，亦吸收了多家国际名企如瑞士奇石乐(中国)有限公司和江浙沪地区大型企业的参与。

本丛书项目拟于 2017 年 12 月底前完成全部纸质教材与数字交互的融合出版。该套教材在内容和形式上进行了创新性的尝试，希望高校师生和广大读者不吝指正。

上海市机械专业教学指导委员会

前　言

　　机械装备结构设计是将抽象的机械工作原理具体化为零部件技术图样的过程,是机械设计中的重要阶段,其设计质量对满足机械装备的功能要求、保证装备的整体质量和可靠性、降低成本,具有十分重要的作用。随着科学技术的发展,对机械装备结构技术经济性的要求日趋提高,从设计角度来说,需要采用优化设计技术得到最优结构。

　　本书是编者根据多年本科机械专业的教学经验,并针对本领域的技术发展趋势编写而成的,全书内容既涉及机械装备结构的一般设计原则和方法,也涉及机械制造装备中典型装备(机床)的结构设计原理。教材编排上采用从面到点的方式,使学生掌握一般机械装备结构设计的基本原理和方法,并通过大量工程案例,以点带面地使学生掌握和实际应用机械装备结构设计技术。

　　教材特点体现在以下几个方面。

　　1. 紧密结合工程实际。由于机械装备结构涉及具体的装备,具有各种不同的设计要求、工艺要求和经济性要求,因此必须紧密结合工程实际。教材中涉及的案例充分考虑工程实际需求,部分案例得到沈阳机床集团工程师的大力协助。

　　2. 注重机械装备结构的创新设计。本书引入机械结构拓扑优化设计等近年来发展起来的现代设计技术内容,并将编者的最新科研成果作为案例进行介绍,用以引导学生的创新思维,在机械装备结构设计中开展创新实践。

　　3. 注重学生能力的培养和达成。在教材的编排上,突出"以学生为中心,以成果为导向"的现代工程教育理念,明确各章内容对学生学习成果达成的要求,注重学生实际能力的提升。

　　4. 三维动态的装备结构表现形式。针对学生对复杂机械装备结构难以理解的问题,本教材提供了部分数字资源,学生或读者通过数字交互观察学习具体机械装备结构的三维实体、运动仿真等资源。

　　本书由丁晓红策划并统稿,其中第1章、第8章由丁晓红编写,第2章由杨丽红编写,第3章、第4章由王蕾编写,第5章由张永亮编写,第6章、第7章由熊敏编写。在编写过程中,得到李郝林、徐名聪、方键、麦云飞、杜宝江等老师的大力支持,他们对本书的编写提出了有益的建议,在此一并表示谢意;同时,在编写过程中参考了国内外一些教材和著作,以及部分网上资源,在此也对其著作者表示感谢。

　　由于编者水平有限,书中可能存在误漏欠妥之处,恳请读者批评指正。

编者

本书配套数字交互资源使用说明

针对本书配套数字资源的使用方式和资源分布，特做如下说明：

1. 用户（或读者）可持安卓移动设备（系统要求安卓 4.0 及以上），打开移动端扫码软件（本书仅限于手机二维码、手机 qq），扫描教材封底二维码，下载安装本书配套 APP，即可阅读识别、交互使用。

2. 插图图题或表格表题后有加"📖"标识的，提供视频等数字资源，进行识别、交互。具体扫描对象位置和数字资源对应关系参见下列附表。

扫描对象位置	数字资源类型	数字资源名称
图 1-5	视频	刨床传动原理
图 1-15	视频	模块化双主轴机床
图 3-1	视频	牙嵌式离合器结构
图 3-5	视频	单向超越式离合器
图 3-6	视频	带拨爪心轴双向超越式离合器
图 3-7	视频	双向超越式离合器
图 3-23	彩色图片	CA6140 型卧式车床主轴箱展开图
图 3-29	彩色图片	溜板箱结构图
图 3-30	视频	开合螺母机构
图 7-1	视频	数控中心加工过程
图 7-12	视频	主轴换刀时刀具的自动夹紧过程
图 7-18	视频	滚珠丝杠副的内循环方式
图 7-19	视频	滚珠丝杠副的外循环方式
表 7-1	视频	自动换刀及刀库

目　录

第 1 章

绪　　论

1.1　机械装备结构设计的任务、内容及步骤

1.1.1　机械装备结构设计的任务

机械装备结构设计的任务是在机械装备总体设计的基础上，根据已确定的功能原理方案，决定机械装备中零件的形状、材料、尺寸、加工方法和装配形式等关键因素，即把机构系统转化为机械的实体系统，以实现机械装备所要求的功能。具体地说，机械装备结构设计的过程就是将抽象的机械工作原理具体化为构件或零部件的技术图样的过程，用技术图纸来体现装备结构设计的结果。

机械装备结构设计是机械设计中一个重要的阶段，涉及问题繁多，约束条件复杂，设计工作量大。机械装备结构设计的质量对于满足机械装备的功能要求、保证装备的整体质量和可靠性、降低成本，具有十分重要的作用。

1.1.2　机械装备结构设计的内容

机械装备按用途，可分为动力机械（如电动机、内燃机、蒸汽机等）、金属切削机械（如车床、钻床、镗床、磨床、齿轮加工机床、螺纹加工机床、铣床、刨插床、拉床、电加工机床、锯床和其他机床等）、交通运输机械（如飞机、汽车、铁路机车、船舶等）、起重运输机械（如各种起重机、运输机、升降机、卷扬机等）、工程机械（如挖掘机、铲运机、工程起重机、压路机、打桩机、钢筋切割机、混凝土搅拌机、凿岩机、军工专用工程机械等）、轻工机械（如纺织机械、食品加工机械、印刷机械、制药机械、造纸机械等），以及专用机械（如冶金机械、采煤机械、化工机械、石油机械等）。图 1-1 所示为一些常见的典型机械装备。

（a）氢燃料内燃机

（b）液压挖掘机

（c）高架起重机　　　　　　　　（d）数控磨床

图 1 - 1　典型机械装备示例

减速器是各种机械装备中常用的部件，用于实现运动和动力的传递。图 1 - 2 为两级圆柱斜齿轮减速器的工作原理，该减速器通过斜齿轮实现两级减速，从而使运动和动力由输入轴 Ⅰ 传递到输出轴 Ⅲ。根据图 1 - 2 的工作原理，可设计出图 1 - 3 所示的两级齿轮减速器的结构设计总装图。

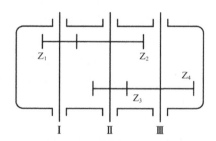

图 1 - 2　两级变速箱工作原理图

（1）设计减速器结构的主要步骤包括以下几点。

① 明确设计要求，包括减速比、传动功率、使用寿命等。

② 齿轮设计：根据齿轮的工作情况，按照齿轮的接触疲劳强度和弯曲疲劳强度等设计准则，确定齿轮的基本尺寸，选择齿轮的材料和热处理方法。

③ 轴的设计：根据弯扭组合疲劳强度条件确定轴的几何尺寸，选择轴的材料和热处理方法。

④ 轴系设计：选择轴承，确定轴的支撑方式，轴上零件的定位方式；

⑤ 减速器箱体设计。

⑥ 方案可行性评估及完善。

⑦ 绘制减速器结构图。

（2）由两级齿轮减速器的结构设计过程可知，一般机械结构设计包含以下两方面的内容。

① 功能设计。为实现机械的功能进行的设计，即通过机械装备结构设计实现机械的功能原理方案。

② 保质设计。为保证机械装备结构的力学性能、工艺条件、经济性和安全性等要求所进行的设计。

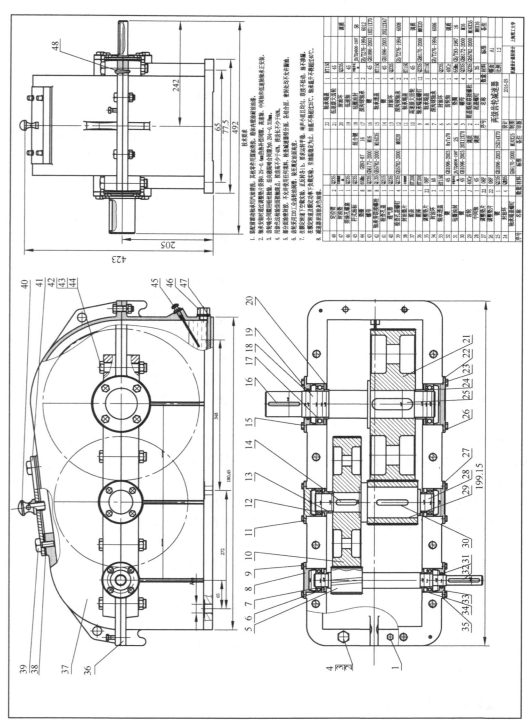

图 1 - 3　两级齿轮减速器的结构设计总装图

1.1.3 机械装备结构设计的步骤

机械装备结构设计流程可归纳为图1-4所示。

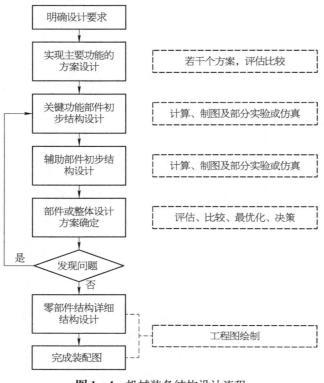

图1-4 机械装备结构设计流程

机械装备结构设计的步骤如下。

（1）明确设计要求。设计要求包括：机械装备结构所需要完成的功能要求（如传动功率、流量、工作高度等）；机械装备结构的使用要求（如结构的强度、刚度和稳定性等）；结构的工艺性和经济性要求（如合理选择毛坯类型、结构形状便于加工等）。

（2）实现主要功能的方案设计。根据该结构需实现的主要功能进行方案设计。一般应有若干个方案，进行评估比较后，确定1、2个方案进行进一步设计。

（3）对关键功能部件进行初步结构设计。关键功能部件是指实现结构主要功能的构件，如减速箱的轴和齿轮。在结构设计时，应首先对关键功能部件进行初步设计，即确定其主要形状、尺寸，如轴的最小直径、齿轮的直径等，并按比例初步绘制结构设计草图。应设计多个结构方案，以便进行比较并选优，必要时需进行实验或仿真。

（4）对辅助部件进行初步结构设计。如减速箱的设计中对轴的支承、密封、润滑等装置进行初步设计，确定其主要形状、尺寸，以保证关键功能部件正常工作。设计中应尽可能选择标准件、通用件。

（5）对设计方案进行综合评价。对若干个初步结构设计方案的可行性和经济性进行综合评价，选择满足功能要求、性能良好、结构简单和成本较低的较优方案。如发现问题，则需重新进行设计。

（6）零部件结构详细设计。根据国家标准、规范，完成所有零部件的详细设计，绘制零部件工作图。

（7）完成总体结构设计图。装备结构设计的最终设计结果是总体结构设计图，能清楚地表达产品的结构形状、尺寸、位置关系、材料和热处理等各要素和细节，体现设计的意图，即完成全部装配图、零件图。在此过程中应进一步检查在结构功能、空间相容性等方面的问题，并注意结构工艺性设计，进一步优化结构。

1.2 机械装备结构设计的基本要求

机械装备结构设计的最终结果需以一定的结构形式表现出来，并按所设计的结构进行加工、装配，制造成最终的产品。因此，机械装备结构设计应满足机械装备产品的多方面要求，包括功能、可靠性、工艺性、经济性和外观造型等。

1.2.1 功能要求

机械装备结构设计的基本任务是将功能原理方案具体化，即构造能够实现功能要求的三维实体零部件及其装配关系，因此功能要求是结构设计的主要依据和必须满足的要求。

零件的基本功能要求如下。

1）传递运动和动力

如图 1-5 所示的牛头刨床传动机构中，曲柄 1 通过滑块带动摆动导杆 2 往复摆动，把运动和动力传给滑枕 3，以便使装在滑枕上的刨刀实现直线往复运动。

2）承受载荷

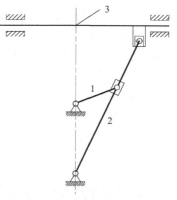

图 1-5 刨床传动原理
1—曲柄；2—导杆；3—滑枕

机械装备在工作的过程中受到多种载荷的作用，包括工作时所需的力、自身的重力、由于速度变化产生的惯性力、直接接触表面的摩擦力等。如图 1-2 所示的减速器结构中，齿轮传动所受的力通过轴传递给轴承，其中径向力和切向力通过轴承传递给箱体，而轴向力经轴承传递给端盖，继而传递给箱体。机械结构正是由于承受载荷而可能发生失效，因此正确分析机械结构的受力是进行机械装备结构设计的重要基础。对机械结构进行受力分析，需要首先建立结构的力学模型，并应用力学原理进行正确的受力分析。

3）实现其他功能

机械装备结构除了传递运动和动力及承载外，还要实现其他必需的功能，如油箱需要容纳油液、导轨和螺旋需要引导其他零件的运动等。

需要指出，在一个机械装置中，每一个零件都不是独立存在的，机械装置的功能依靠零部件的形状、尺寸和相对位置关系得以实现。如轴与装配在轴上的齿轮，通过轴颈圆柱表面确定相互之间的径向位置关系，通过轴肩端面确定相互之间的轴向位置关系；而相互啮合的一对齿轮通过齿面接触确定两轮之间的相对转角关系；另外，轴与装配在轴上的齿轮之间的周向位置关系是通过各自与键的接触间接实现的。

1.2.2 使用要求

机械装备结构必须保证在规定的使用期限内正常地实现其功能，保证零件不失效。一般情况下，机械装备结构需具有足够的强度、刚度和稳定性，承受动载荷的机械结构还需保证其具有足够的疲劳寿命。

1.2.3 制造要求

组成机械装备的零部件需要具有良好的制造性，也就是可采用最经济的制造和装配方法得以实现。机器的成本主要取决于制造该机器零件的材料和制造费用，因此制造要求通常和经济性密切相关。通常在设计时应考虑以下两个方面。

（1）采用便于制造的结构：零件形状尽可能简单合理，合理选用毛坯类型，制造时材料损耗少，效率高，生产成本低，易于保证质量要求。

（2）便于装配和拆卸：由于装配质量直接影响机器设备的性能，因此设计时要考虑装配定位的要求；对于需经常更换的零件，还需要考虑拆卸方便的问题，如对于盲孔，为避免孔中可能密封有空气而引起装拆困难，还应该设有通气孔。

1.2.4 经济性及绿色环保要求

机械装备结构在需要满足功能和使用要求的前提下,还要求有良好的经济性和绿色环保的要求,即要求机械结构材料用量尽可能少、采用价廉的材料、采用简单的制造工艺,维护和修理人工少,同时还要考虑降低噪声、避免污染,有利于环境保护。

1.2.5 人机学要求

机器操作应安全可靠、准确省力、简单方便、操作舒适,因此机械装备结构设计中要考虑人机学的要求,使结构的形状适应人的生理和心理特点,使操作者在长期工作中不易疲劳,工作效率高。

1.3 机械装备结构设计中的力学准则

机械装备结构设计须满足上节所述的基本要求,其中使用要求中着重强调机械装备结构的合理受力,以提高结构的强度、刚度和寿命。由于结构设计中的力学设计错误或不合理,可能造成零、部件过早失效,使机器达不到设计精度的要求。因此,预防零、部件过早失效,需要在机械装备结构设计中掌握下述基本的力学准则。

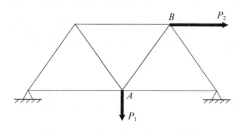

图 1-6 桁架结构满应力设计

1.3.1 均匀受载准则

结构设计时应考虑在实际的载荷工况下,使结构各部分材料受力均匀,这样可最大程度提高材料的利用率。基于这一基本原理的满应力准则是机械结构优化设计中常用的准则,其基本的设计思路是:结构中各构件至少在一种工况下达到其许用应力。如图 1-6 所示的七杆桁架结构中,各杆均由相同的材料制成,已知材料的许用拉伸应力和许用压缩应力。有两种工况,一是在 A 点受到垂直向下的荷载 P_1 作用,二是在 B 点受到水平向右的拉力 P_2 作用。若对该桁架进行满应力设计,则需要满足其中每一根杆件至少在一种工况下达到材料的许用应力,从而可以确定各杆的最小截面积,使结构在满足强度条件下,达到材料最大利用率,即得到结构质量最小的设计。

工程中对近似满足满应力准则的构件又称为等强度结构,图 1-7 是几种常见的等强度结构。

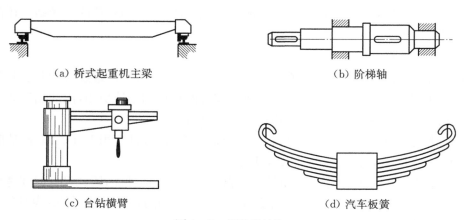

（a）桥式起重机主梁 （b）阶梯轴

（c）台钻横臂 （d）汽车板簧

图 1-7 等强度结构

1.3.2　力流路径最短准则

承载构件中,力总是从作用点开始,寻找一定的传递路线,传递到支撑处。力的传递路线称为力流。力流路径越短,则结构中受力区域越小,结构的累积变形也就越小,刚度就提高。因此结构设计中应尽可能使力流路径最短,由于两点间直线距离最短,因此尽量保证力流线路的直线状态。图 1-8 所示的结构支撑中,从左到右,力流路径依次增长,结构的支撑刚度依次减小。

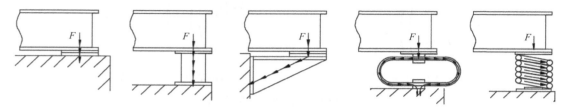

图 1-8　结构支撑刚度随力流路径增大而减小

1.3.3　减小应力集中准则

结构中由于功能需要,不可避免会有孔槽和缺口等几何特征。这些特征的存在,使结构形状发生变化,使得力流在形状突变处,被迫急剧改变原有路径,而引起局部力线拥挤,使应力急剧集中上升,这种现象称为应力集中。应力集中会引起承受动载荷的零部件疲劳寿命下降,因此设计中应尽量减小应力集中。

减小应力集中可采用的措施有:避免截面突变的设计,尤其是避免力流截面急剧变小,如可在急剧变化的截面联接处增大圆角半径(图 1-9a);降低缺口附近的材料刚度,如可开设卸荷槽(图 1-9b)等。

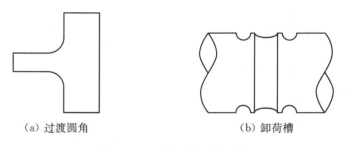

（a）过渡圆角　　　　　　　　　　　　（b）卸荷槽

图 1-9　减小应力集中的方法

1.3.4　变形协调准则

承载构件会发生变形,互相接触的构件如果接触处变形不匹配会引起走偏、应力集中等问题,变形越不协调,这些现象就越严重。在设计中,应尽量使相互接触的构件变形协调。如轴和轮毂的配合通常用键或热套的方法,设计时应注意轴和轮毂之间的变形协调,图 1-10a 所示的结构,轮安装在轴的中部处,外力偶矩在该处输入,使轴和轮毂的扭转变形方向相反,两者变形相差很大,严重的变形不协调不仅导致高的应力集中,而且当转矩值波动时,将因表面相对滑动引起磨损。改进后的结构如图 1-10b 所示,将轮的位置移动到轴的左端,此时,轴和轮毂的变形方向一致,相对协调,从而避免了原先设计可能产生的不利结果。

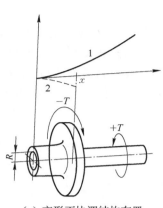

（a）变形不协调结构布置　　　　（b）改进后的结构布置

图 1 - 10　轮毂和轴的变形调整

1—轴；2—轮毂

1.3.5　附加力自平衡准则

承载构件在力的传递过程中,有时出现无用力或力矩,如斜齿轮啮合的轴向力、往复和旋转运动的惯性力等,这些无功用的附加力不但增加了轴和轴承等零件的负荷,降低其精度和寿命,同时也降低了机器的传动效率,在设计时应尽可能地将它们用自平衡的方法消除。力的自平衡措施主要有两种,一是增加平衡件,二是结构对称安装。图 1 - 11 所示是斜齿轮的轴向力自平衡措施,图 1 - 11a 采用定位挡板抵消斜齿轮的轴向力,图 1 - 11b 的结构采用双联斜齿轮,使轴向力两两抵消。

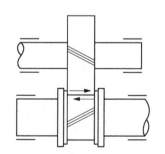
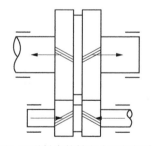

（a）斜齿轮的轴向力作用于定位挡板上　　　（b）双联斜齿轮轴向力互相抵消

图 1 - 11　斜齿轮轴向力自平衡结构

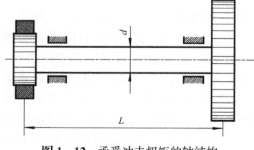

图 1 - 12　承受冲击扭矩的轴结构

1.3.6　受冲击载荷结构柔性准则

由于冲击载荷随着结构刚度的增加而增大,因此承受冲击载荷的结构应减小其刚度,增大其柔度。如车辆在发生碰撞时,结构过大的刚性会造成驾乘人员受到更大的冲击力。图 1 - 12 所示的砂轮,在突然刹车时,轴受到冲击扭矩,可增加轴的长度,使其扭转刚度降低,从而提高轴的抗剪强度。

1.3.7　热变形自由准则

金属构件具有热胀冷缩的特点,当热变形受

到限制时,结构中会产生热应力,降低结构的强度和刚度。降低热应力的根本措施是尽量保证热变形的自由,如在轴系的设计中,可设计成一端固定一端浮动,又如在设备间的管道连接中,可在管道中间增加膨胀节。

1.4　机械装备结构设计的发展

随着先进制造技术、计算机技术和信息技术的发展,机械装备结构设计方法在传统设计理论的基础上,不断引入创新思维,向多维化、智能化方向发展。近年来,在结构优化设计、集成化设计和模块化设计等方面取得了长足进展。

1.4.1　机械装备结构的优化设计

"设计"是一项创造性的工作。传统的机械装备结构设计一般是设计者根据设计要求和实践经验,采用类比法提出设计方案;然后进行强度、刚度、稳定性等各方面力学性能的分析和验算,以证实设计方案的可行性。为了得到较优的结构,设计者需对多个设计方案进行综合比较,从而对结构布局、材料选择、构件尺寸、构件外形等进行修改完善。在传统的结构设计中,力学分析只是起到一种校核的作用,结构的设计过程可归纳为"设计-校核-再设计"的多次循环过程,设计周期长,设计结果受到设计者经验和时间的限制,仅仅是一个可行的方案,而不是理想的最优方案。传统结构设计只是被动地重复分析结构的性能,而不是主动地设计结构的参数,从这个意义上说,传统的结构设计并没有体现"设计"的含义。

随着时代的发展,工程中对结构的性能要求越来越高,设计中要考虑的因素也越来越复杂,采用传统的结构设计方法已经难以实现设计要求。随着 20 世纪 60 年代有限元方法的发展,使得大型结构性能分析借助于计算机而得以实现;数学规划法的引入,进一步使结构优化设计成为可能。传统结构设计的安全性、经济性没有衡量的标准,而结构优化设计是在一个明确的特定指标(如结构的重量最轻)的条件下,保证结构的经济性和安全性。

结构优化设计是以设计目标、约束条件和设计变量作为三个要素,基于有限元分析和优化算法,在全部的结构设计方案域中寻求最优方案。这种方法基于计算机技术,设计周期短、设计结果优,经济效益和社会效益十分显著。例如美国贝尔飞机公司采用优化方法解决了 450 个设计变量的大型结构优化问题,在某型机翼的设计中,达到减重 35% 的效果。采用结构优化设计方法,不仅可提高结构的设计质量,缩短设计周期,还可以通过将设计方法和计算机辅助设计结合起来,使设计过程完全自动化,实现结构的智能设计。图 1-13 是某型滚筒洗衣机

安装在洗衣机上的
带轮

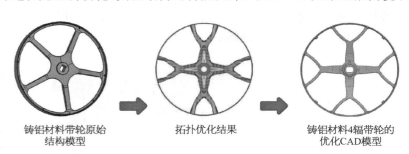

铸铝材料带轮原始　　　　拓扑优化结果　　　　铸铝材料4辐带轮的
结构模型　　　　　　　　　　　　　　　　优化CAD模型

图 1-13　某型滚筒洗衣机带轮优化设计过程

带轮优化设计过程,对带轮结构进行了结构拓扑优化、形状优化和尺寸优化后,将原来的 5 辐带轮优化为 4 辐带轮使带轮的总重量减少了 6%,同时保证了它的强度、刚度性能。

1.4.2 机械装备结构的集成化设计

集成化设计是指一个构件实现多个功能的结构设计,如在零件原有的功能上增加新的功能,也可将不同功能的零件在结构上合并。图 1-14 是航空发动机中将锥齿轮、滚动轴承和轴集成为一体的轴系结构,这种结构设计大大减轻了轴系的重量,并提高了系统的可靠性。

机械装备结构的集成化设计可减少零件数量,缩短产品开发周期,降低开发成本,提高系统性能和可靠性。同时还能减轻结构重量,节省材料和成本。但是制造工艺复杂程度提高,需要较高的制造水平作为技术支撑。

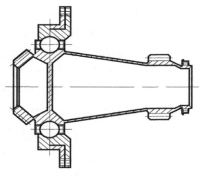

图 1-14　齿轮-轴承-轴集成结构

1.4.3 机械装备结构的模块化设计

模块是指一组具有同一功能和接合要素,但性能、规格或结构不同却能互换的单元。这里的接合要素指连接部位的形状、尺寸、连接件间的配合或啮合等。模块化设计是在对产品市场预测、功能分析的基础上,划分并设计出一系列通用的功能模块,根据用户的要求,对这些模块进行选择和组合,构成不同功能,或功能相同但性能不同、规格不同的产品。显然,模块化设计有利于开发新产品,缩短新产品开发周期,并组织大规模生产。同时对提高产品的可靠性和可维修性也大有益处。

德国 Licon 机床公司近年来为柔性制造系统开发了 LiFlex 组合部件,包括加工单元、主轴和摆动轴等。可根据加工任务和零件数量的不同,用 LiFlex 组合部件为用户构建个性化、满足各种不同柔性化要求的机床。图 1-15 是该公司的 LiFlex II 1078 型双主轴机床,为切削加工大型工件提供经济而柔性的加工方案。

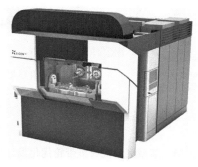

图 1-15　模块化双主轴机床

第 2 章

典型加工工艺零件结构设计基本原则

◎ **学习成果达成要求**

　　机械零件是构成机械装备的单元,可以由不同的制造工艺进程成形,成形工艺不同则对应有不同的结构设计。

　　学生应达成的能力要求包括:

　　1. 针对具体的制造工艺,掌握该工艺零件结构设计的基本原则。

　　2. 初步具备不同加工工艺下的零件结构设计能力。

《《《

　　机械装备的种类千差万别,而组成机械装备的零件结构更是形式各异,根据各零件的用途、材料和结构,可以选择不同的方法加工成形,其中常用的方法有切削加工、铸造、焊接和塑性成形等。每种加工方法因其加工原理、加工设备及加工过程等的不同,使得由之成形的零件结构不同。因此,为提高零件结构设计的合理性以利于加工生产,本章结合各种加工方法的工艺特点,总结零件结构设计中应遵循的基本原则。

2.1　金属切削件结构设计基本原则

　　切削加工是机械工业中最常见的加工方式,它通过刀具去除毛坯上的多余金属,最后达到所需尺寸和精度。常见的切削加工方法包括车、铣、镗、刨、磨、钻等。不论何种加工过程,零件结构设计的工艺性都会涉及整个工艺系统中诸如工件的定位和装夹,刀具的安装、调整和更换等环节,进而对产品质量和加工成本起着举足轻重的作用。因此,掌握切削件结构设计的基本原则对工程技术人员而言就显得至关重要。

2.1.1　考虑加工工艺性时应注意的原则

1) 考虑刀具在加工过程中的位置,便于加工过程顺利进行

　　刀具在完成了一次加工面的加工任务后要能方便地离开该处,以免刀具和工件碰撞或损坏已被加工过的表面,保证加工全程顺利进行。方便地退刀可节省加工时间,从而达到降低加工成本的目的。对于磨削加工,如果在砂轮行程终点无退刀可能,则行程终点受磨时间长、发热多,可能形成二次淬火,产生磨削裂纹。退刀槽是最常见的方便退刀的结构设计措施。

　　图 2-1a 所示的轴需磨削加工,在轴的台阶处砂轮无法退出,此外,台阶处的圆弧加工也困难;改进结构见图 2-1b。

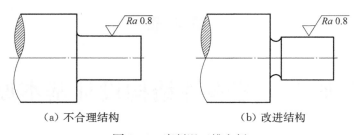

（a）不合理结构　　　　　（b）改进结构

图 2-1　磨削退刀槽实例

图 2-2a 所示的结构,在加工锥面的过程中两端点退刀困难,耗费工时;改进结构见图 2-2b。

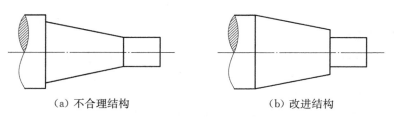

（a）不合理结构　　　　　（b）改进结构

图 2-2　方便加工实例

图 2-3a 所示的结构有两个不合理之处,一是加工螺纹无退刀槽,二是圆形轴端面加工困难,改进结构见图 2-3b。

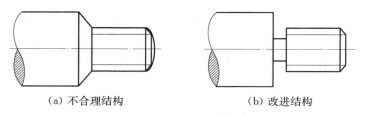

（a）不合理结构　　　　　（b）改进结构

图 2-3　螺纹退刀槽实例

加工盲孔内螺纹时,因丝锥端部有一段锥面,在其终点也要留有足够的退刀槽,才能保证内螺纹面加工的完整性,见图 2-4。

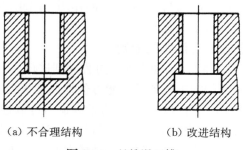

（a）不合理结构　　　　　（b）改进结构

图 2-4　丝锥退刀槽

铣、刨削加工同样要考虑退刀槽的设置,否则不能保证加工全程的正确性。需要注意的是改进结构应以不影响功能、性能为前提,图 2-5 为插床加工时的退刀槽。

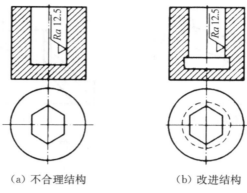

（a）不合理结构　　　　（b）改进结构

图 2 - 5　插床退刀槽

插齿机加工多联齿轮时，工件上必须设计空刀槽，否则不能退刀，见图 2 - 6。

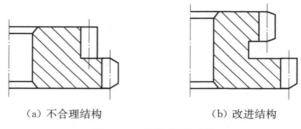

（a）不合理结构　　　　（b）改进结构

图 2 - 6　插齿机退刀槽

孔的位置应使标准长度的钻头有正常工作的可能，见图 2 - 7。

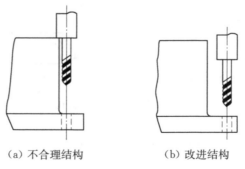

（a）不合理结构　　　　（b）改进结构

图 2 - 7　钻孔时工件与钻床主轴不能干涉

2）加工表面的设计应采用最高生产率的工艺方法

遵守该准则，可减少加工时间，简化加工设备、刀具和量具。为此，设计时应尽量采用圆形断面、简单的几何形状，使加工表面分布在一个子面上，给出同样大小的尺寸。

被加工平面应力求设计成平行或垂直于零件的安装或加工基准平面，便于加工，节省加工、找正时间，容易保证精度要求，同时可以避免使用特殊夹具，见图 2 - 8。

加工面应高于非加工面，见图 2 - 9，便于加工，提高加工生产率和精度，能采用端面铣削法加工。

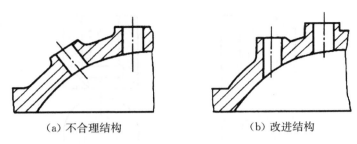

（a）不合理结构　　　　　（b）改进结构

图 2-8　加工面垂直于定位面

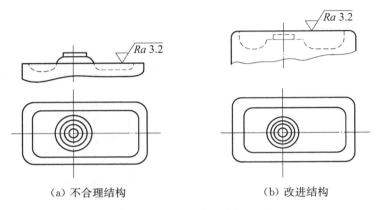

（a）不合理结构　　　　　（b）改进结构

图 2-9　加工面高于非加工面

　　避免斜孔，如图 2-10 所示。力求避免角度大于 10°的斜孔，这样可缩短加工、找正的时间，提高孔位置的精度。

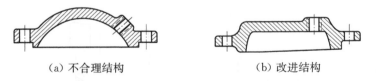

（a）不合理结构　　　　　（b）改进结构

图 2-10　避免加工斜孔

力求避免平底盲孔，以减少加工量，如图 2-11 所示。

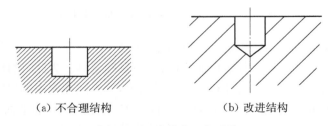

（a）不合理结构　　　　　（b）改进结构

图 2-11　盲孔的一般形状

　　外表面的断面力求设计成圆形的，可以用最简单的、生产率最高的车削加工，如图 2-12 所示。

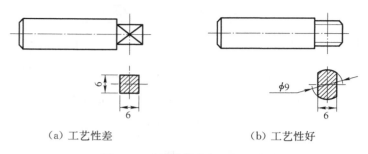

（a）工艺性差　　　　　　　（b）工艺性好

图 2 - 12　轴端削扁的一般形式

在满足设计要求的条件下，以不需切削加工的毛坯凹面代替整块切削加工面，尽量减少被加工面的尺寸或个数，以减少零件的切削加工量及刀具和材料的消耗。各设计图例如图 2 - 13 所示。对于花键孔加工，应尽量缩短花键孔的长度，以简化刀具结构和加工过程。

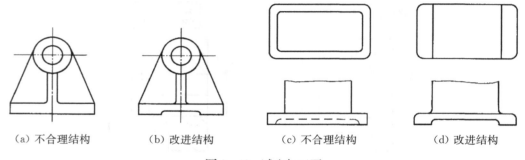

（a）不合理结构　　（b）改进结构　　（c）不合理结构　　（d）改进结构

图 2 - 13　减少加工面

设计时还应注意力求减少刀具的品种，如图 2 - 14a、b 所示，设计多联齿轮时，每个齿轮的模数相同就能够减少刀具的品种。退刀槽尺寸不同，刀具规格增多；改进后，退刀槽尺寸相同，刀具规格减少，如图 2 - 14c、d 所示。

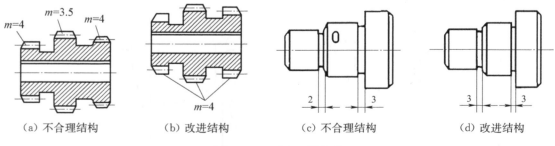

（a）不合理结构　　（b）改进结构　　（c）不合理结构　　（d）改进结构

图 2 - 14　减少刀具品种

应尽可能设计出便于零件在机床或夹具上定位或夹紧的表面，并且尽量避免在用来作为定位的基面上设计出曲面、锥面、凸起或凸耳等妨碍零件在机床或卡盘上装卡的结构，以提高零件装夹的精度，减少装夹的辅助调整时间。便于装夹的设计图例如图 2 - 15 所示。

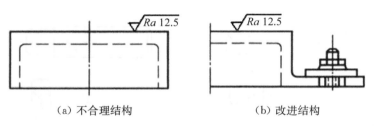

（a）不合理结构　　　　　　　（b）改进结构

图 2 - 15　便于安装

2.1.2　保证零件加工精度方面应注意的原则

1）保证零件上所有的垂直度、同心度、平行度等技术要求相关联的表面，能够在一次装夹中加工出来

遵守该准则，可避免多次装夹带来的相关表面间的几何位置偏差。为此，设计时应尽可能使各相关加工表面利用一个表面定位夹紧。如图 2 - 16 所示，改进后的结构，一次装夹可以使两个对同轴度有要求的表面加工完成。

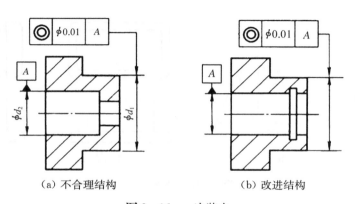

（a）不合理结构　　　　　　　（b）改进结构

图 2 - 16　一次装夹

2）保证零件具有足够的刚性

遵守该准则，可避免零件因夹紧或切削加工而产生的变形。为此，在设计薄壁、细长、瘦高的零件时，应考虑增设加强筋提高零件刚性的措施，如图 2 - 17 所示。

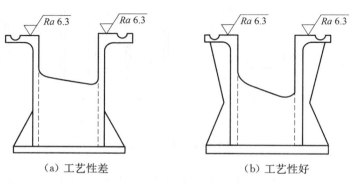

（a）工艺性差　　　　　　　（b）工艺性好

图 2 - 17　减小夹紧和切削时变形

3）被加工面应尽可能有均匀的尺寸

如图 2 - 18 所示，加工面应尽可能有均匀的宽度，加工过程中可避免冲击，可以提高切削

速度,改善刀具的工作条件。

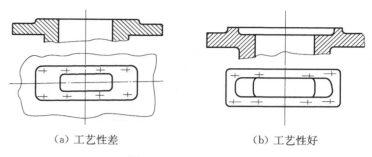

（a）工艺性差　　　　　　　（b）工艺性好

图 2 - 18　加工面均匀

4) 孔加工时应避免使钻头沿着斜面上切入

在倾斜面、尖角部位上钻孔非常困难,需要在这种地方钻孔时,在该位置应预先加工出垂直于钻头的平面,然后再在该处钻孔,对于铸件,要预先在毛坯上铸出平台,如图 2 - 19 所示。

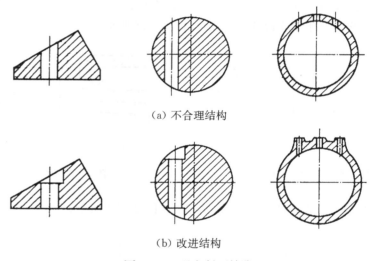

（a）不合理结构

（b）改进结构

图 2 - 19　避免斜面钻孔

孔周边约束条件必须相近,孔周边的约束条件由材料的弹性、构件的形状和支撑情况决定。如果在周边约束条件相差很大的地方钻孔,则钻头将退让到加工抗力小的一侧,从而钻出弯孔,如图 2 - 20 和图 2 - 21 所示。

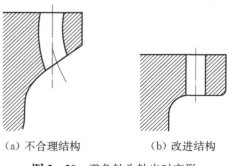

（a）不合理结构　　　　（b）改进结构

图 2 - 20　避免钻头钻出时变形

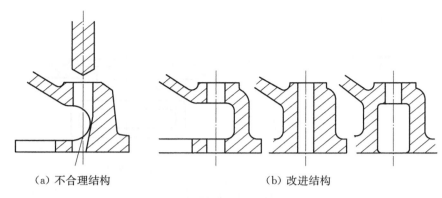

（a）不合理结构　　　　　　　　（b）改进结构

图 2-21　避免钻头在钻削过程中变形

2.1.3　考虑装配工艺性时应注意的原则

1）便于装配

避免两个面同时接触，可便于装配，并提高装配精度，如图 2-22 所示。减少加工和装配的工作量，尽量减少接触部分的长度和面积，如图 2-23 所示。

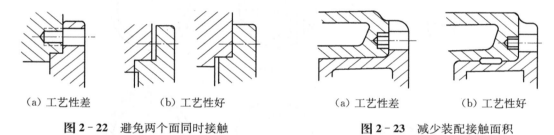

（a）工艺性差　　　（b）工艺性好　　　　　（a）工艺性差　　　（b）工艺性好

图 2-22　避免两个面同时接触　　　　　**图 2-23**　减少装配接触面积

棱边锐角应倒角，避免装配时碰坏螺纹端部，如图 2-24 所示。

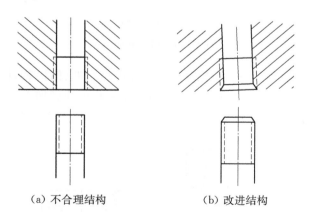

（a）不合理结构　　　　　　　　（b）改进结构

图 2-24　方便装配

2）便于拆卸

轴承靠轴肩定位时，轴肩高度应在轴承内圈厚度的 2/3 处，以便拆卸轴承，如图 2-25 所示。

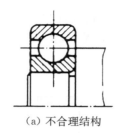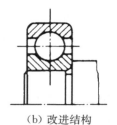

（a）不合理结构　　　　　（b）改进结构

图 2-25　轴肩不可过高

　　图 2-26 是一个经热压套在轴颈上的金属环，要在一端留有槽，以便拆卸工具有着力点。图 2-27 是容器封头，打开封头时应有着力点。

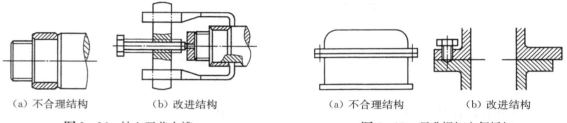

（a）不合理结构　　　　　（b）改进结构	（a）不合理结构　　　　　（b）改进结构
图 2-26　轴上开着力槽	**图 2-27　顶升螺钉方便拆卸**

　　切削件在结构设计时除了应注意以上原则外，还应该注意避免应力集中，尤其是对于轴类零件。首先应改善结构外形，避免形状突变，尽可能开圆孔或椭圆孔。结构内必须开孔时，尽量避开高应力区，而在低应力区开孔。轴上轴肩及退刀槽等部位过渡处采用圆角处理。合理布置轴上键槽、螺纹孔、销钉孔的位置，避免开到一侧或者不均匀。

2.2　铸件结构设计基本原则

　　由于铸件可以在某种程度上自由选定其形状和壁厚的变化，并且具有较高的刚性，所以广泛用作机械和器具中静止不动的形状复杂零件。但是，铸造是不稳定的制造工艺过程，它容易产生缺陷，而且缺陷又是在铸造后才能发现的。因此需特别注意，要把铸件设计得容易制造且不容易产生缺陷。

　　铸件的结构设计是否合理，对于铸件的质量、铸造生产率及铸件成本，具有相当大的影响。设计铸件时，应当考虑到制模、造型、制芯、合箱、浇注、清理等整个铸造生产工艺过程和合金的铸造性能，力求工艺简化和避免铸件缺陷的产生。当零件是大批量生产时，应当考虑到采用机器造型的可能性；当零件是单件或小批量生产时，应当尽量使所设计的铸件能在现有生产规模下生产出来，如熔炉的容量、砂箱大小和起重能力等；当某些零件适于采用特种铸造方法时，还必须考虑特种铸造方法对铸件结构的特殊要求。设计铸件，还应当考虑到零件的切削加工及装配方面的要求。

2.2.1　考虑铸造工艺过程简化的原则

　　为了显著地降低制模、造型、制芯、清理等工艺过程的劳动量，提高生产率、降低铸件废品率，并为采用机器造型创造条件，设计时应考虑以下要求。

　　（1）铸件的外形应力求简单，造型时便于起模。避免因曲面轮廓引起制模复杂、增加型芯等一系列问题。

避免铸件的外形有侧凹。如图 2 - 28 所示的机床铸件,图 2 - 28a 的侧凹处在造型时另需两个外型芯来形成;而图 2 - 28b 在满足使用要求的前提下,将凹坑一直扩展到底部省去了外型芯,降低了铸件成本。

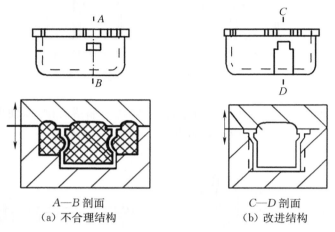

（a）不合理结构   （b）改进结构

A—B 剖面   C—D 剖面

图 2 - 28   减少型芯的设计

（2）铸件设计时应考虑到使分型面最少和分型面形状最简单(单一平面)。因为增加分型面将引起错箱、增加铸件误差等许多缺点;而弯曲分型面将使造型、合箱等工艺复杂化。

铸件分型面数目的减少,不仅能减少砂箱数目、降低造型工时,还可以减少错箱、偏芯等可能,提高铸件的尺寸精度。

图 2 - 29 为端盖结构的两种设计。图 2 - 29a 的结构有两个分型面,需采用三箱造型,使选型工序复杂。若是大批量地生产,只有增设环状型芯才可采用机器造型。将端盖的结构设为图 2 - 29b 的设计,就只有一个分型面,使造型工序简化。

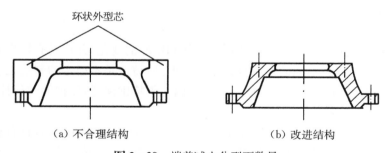

环状外型芯

（a）不合理结构   （b）改进结构

图 2 - 29   端盖减少分型面数量

图 2 - 30 为阀体铸件的结构。将具有两个分型面的结构图 2 - 30a 改为只有一个分型面的结构图 2 - 30b,可简化造型工序。

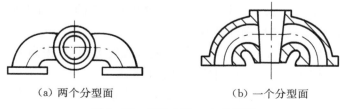

（a）两个分型面   （b）一个分型面

图 2 - 30   阀体变为一个分型面

（3）设计铸件上的凸台、凸起、筋条及法兰时应便于起模,尽量避免和减少活块模或型芯。因为模型主体与活块或型芯之间容易产生相对错动,活块或型芯越多,铸件尺寸越不易准确,越易产生废品。

如图 2-31 为箱体铸件,其原设计的结构图 2-31a 有凸台,就需要采用活块造型、工艺复杂,且凸台的位置尺寸难以保证;否则采用外型芯来形成会增加铸件成本。改为方案图 2-31b 则便于采用机器造型。

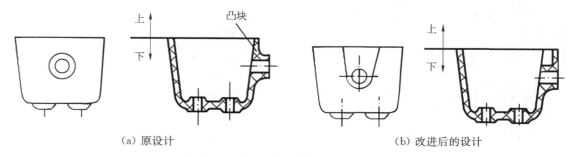

（a）原设计　　　　　　　　　　　　　　（b）改进后的设计

图 2-31　箱体上凸台应便于起模

（4）设计有型芯的铸件时,必须考虑到铸型装配中安放型芯的可能性、方便性、稳固性、排气性和清理方便。型芯在铸型中的固定主要靠型芯头。虽然在某些情况下也可应用型芯撑,但还要考虑型芯的排气、安放等;而且应用型芯撑还因其表面氧化而与金属难以完全焊合或造成气孔。因此只有在不得已时才用型芯撑来固定型芯。

如图 2-32 所示为轴承架内腔的两种设计。图 2-32a 所示为需要两个型芯,其中较大的型芯呈悬臂状态,需用型芯撑支承其无芯头的一端;若将轴承架内腔改成图 2-32b 方案,则型芯的稳定性大大提高,而且型芯的排气顺畅,也易于清理。

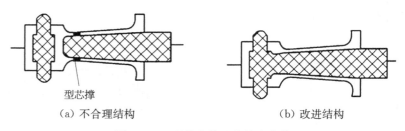

　　　　型芯撑

（a）不合理结构　　　　　　　　　　　（b）改进结构

图 2-32　型芯应偏于安放和定位

有时对于结构上没有需要做出孔洞的零件,为了固定型芯,便于排气或清理,也可在不影响零件工作要求的前提下,设计出适当数量和大小的工艺孔。假如零件结构上不允许有此孔,则可在机械加工中用螺钉将此孔堵上。

此外,还应特别注意防止型芯和浇注金属的烧结现象,这种烧结后的结合物往往黏附在铸件上而不易清除。型芯越细、越薄,铸件壁越厚,浇注温度越高,烧结越易发生。

（5）顺着起模方向的不加工表面,尽可能给出结构斜度。这样不仅使起模方便,也可减少甚至避免起模时的松动量,从而提高铸件尺寸的精确度。对于那些不允许有结构斜度的铸件,才在制模时增加角度很小的铸造斜度。在铸件的所有垂直于分型面的非加工面上,应设计有

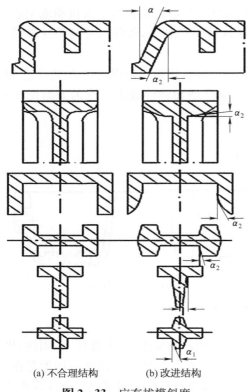

(a) 不合理结构　(b) 改进结构

图 2 - 33　应有拔模斜度

结构斜度,如图 2 - 33 所示。图 2 - 33a 的结构没有结构斜度,铸造工艺人员应铸造前给出拔模斜度,这样就不必要地增加了铸件的壁厚。结构斜度的大小,随垂直壁的高度而异。高度愈小,斜度愈大;内侧面的斜度应大于外侧面的。

2.2.2　减少铸件缺陷应注意的原则

铸件主要缺陷的产生(如缩孔、缩松、气孔、裂纹、浇不足、冷隔、偏析及变形等)往往是由于铸件结构设计不够合理,未能充分考虑合金铸造性能的要求而造成的。为此,设计铸件结构时应能满足合金铸造性能各方面的要求。

(1)考虑合金的流动性,限定铸件的最小壁厚。铸件的壁厚应根据零件的强度、刚度、耐磨性和使用要求决定,但如壁厚过小,容易出现浇不足或冷隔等缺陷。所以,设计铸件时应根据合金的种类、铸型的冷却条件、铸件的大小和复杂程度等来确定铸件的最小壁厚。具体最小壁厚尺寸可查阅相关资料。

(2)考虑合金的冷却与收缩,力求设计均匀适当的壁厚。金属的冷却快慢与壁厚的大小、壁的位置、散热条件等因素有关。铸件壁厚不均,会造成铸造合金的局部积聚,在积聚处易产生缩孔和缩松;同时,由于铸件壁厚不均,即铸件各部分冷却速度不同,会使铸件产生较大的铸造应力,造成铸件的变形和开裂。如图 2 - 34 顶盖铸件的壁厚有两种设计方案。图 2 - 34a 所示方案的厚壁处易产生缩孔,在连接处产生裂纹。图 2 - 34b 所示方案则不存在这些问题。

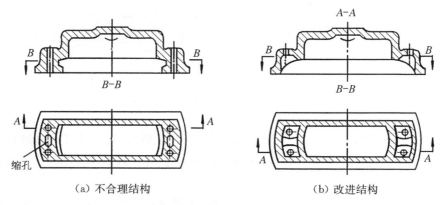

(a) 不合理结构　　　　　　　　　(b) 改进结构

图 2 - 34　铸件壁厚应均匀

由于铸件内壁的散热条件较差,其厚度应略小于外壁厚度,以使铸件内、外壁的冷却速度相近。内部壁厚比外部壁厚宜减少 $15\%\sim25\%$。

长梁、平板等零件,当金属量在各个平面内分布不均时,冷却收缩后最易产生挠曲。由于钢的线收缩较大,挠曲情况更加突出。对于这类较长易挠曲的梁形铸件,应将其截面设计成对称截面。如图 2-35 所示,图 2-35a 为不合理结构,图 2-35b 为改进后的合理结构。

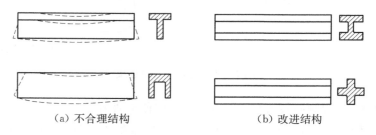

（a）不合理结构　　　　　　　　（b）改进结构

图 2-35　铸件截面应对称

铸件上易产生变形或裂纹的部位,设计加强筋结构,可防止其变形。如图 2-36 所示,图 2-36a 为不合理结构,图 2-36b 为合理结构。在平板铸件上设计加强筋,以免其翘曲。

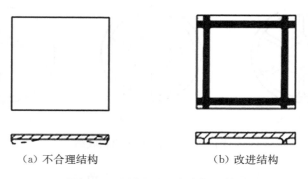

（a）不合理结构　　　　　　　　（b）改进结构

图 2-36　易变形处应有加强筋

正确设计加强筋,可以减小零件的壁厚,减少金属的聚积,导出铸件内部的热量。然而,不必要的增设加强筋或者筋壁过厚,非但不能起加强作用,反而因造成金属聚积使铸件产生裂纹或缩孔。一般来说,加强筋的厚度不能超过所连壁厚的 0.8 倍。铸件内部的加强筋,由于冷却速度缓慢,其厚度为所连壁厚的 0.6 倍。

图 2-37b 利用加强筋可以减少壁厚,减少金属的聚积。为避免图 2-38a 的材料堆积,改为图 2-38b 的结构。

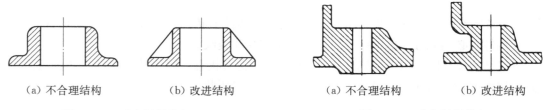

（a）不合理结构　　（b）改进结构　　　　　（a）不合理结构　　（b）改进结构

图 2-37　减少材料聚积　　　　　　**图 2-38　避免材料堆积**

（3）考虑液态金属结晶的方向性和金属冷却时的收缩等,应完全不用尖角转弯,而用圆角连接。各种结构下的圆角连接参见图 2-39。

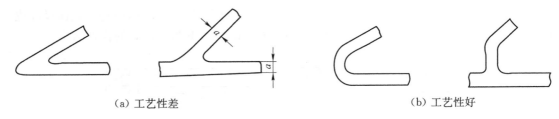

（a）工艺性差　　　　　　　　　　（b）工艺性好

图 2 - 39　铸件应圆角连接

（4）对于热裂、冷裂倾向较大的合金或铸件，应使铸件在冷却时能自由收缩，不受阻碍。如图 2 - 40 所示轮辐的设计：图 2 - 40a 所示方案的轮辐数为偶数，每条轮辐均与另一条成直线排列；这样，势必使两轮辐的收缩互相牵制、彼此受阻，轮辐内将产生大的铸造应力，会使轮辐产生裂纹；为此，改为图 2 - 40b、c 方案的设计，则可以通过轮辐或轮缘的微量变形来减缓轮辐内的铸造应力，以减小产生裂纹的危险。

（a）偶数轮辐　　　　　　　（b）奇数轮辐　　　　　　　（b）S 形轮辐

图 2 - 40　铸件应能自由收缩

（5）考虑排除合金中非金属夹杂物，铸件应尽量避免有过大的水平面。由于铸型内的气体、熔渣及其他夹杂物常要浮在上面，过大的水平面难以将它们排入冒口。当平面处于倾斜位置时，气体和熔渣即可上浮聚集在一较小的区间，通过冒口而排除。如图 2 - 41 所示。

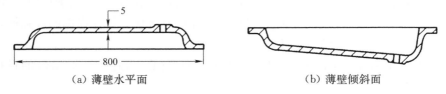

（a）薄壁水平面　　　　　　　　　　（b）薄壁倾斜面

图 2 - 41　避免大水平面

（6）考虑不同合金铸造性能的差异，合理设计铸件形状。如设计铸钢、球墨铸铁、铝合金等合金铸件时必须充分考虑这些合金易于产生缩孔和裂纹。

铸件结构设计除了以上原则外，还应该考虑其受力状态。因为其材料的抗压强度远远大于其抗拉强度，因此，在结构设计时应最好使其处于受压状态。

2.3　焊接件结构设计基本原则

随着焊接技术的进步，许多原来用铸造、锻造、铆接等制造的结构改为焊接结构，由于焊接是使冷料局部达到高温而进行的焊合过程，所以相应地产生了新的缺点。在焊接结构的生产制造中,除考虑使用性能之外,还应考虑制造时焊接工艺的特点及要求,才能保证在较高的生产率和较低的成本下,获得符合设计要求的产品质量。

　　焊接件的结构工艺性应考虑到各条焊缝的可焊到性、焊缝质量的保证、焊接工作量、焊接变形的控制、材料的合理应用、焊后热处理等因素,具体主要表现在焊缝的布置、焊接接头和坡口形式等几个方面。其中,焊缝的位置对焊接的工艺性尤为重要,以下是焊缝位置设计的几个原则。

2.3.1　便于施焊应注意的原则

　　焊缝可分为平焊缝、横焊缝、立焊缝和仰焊缝四种形式,如图 2 - 42 所示。其中施焊操作最方便、焊接质量最容易保证的是平焊缝,因此在布置焊缝时应尽量使焊缝能在水平位置进行焊接。焊缝位置应使焊条易到位,焊剂易保持,电极易安放。如图 2 - 43a 所示为不合理结构,图 2 - 43b 所示为合理结构。

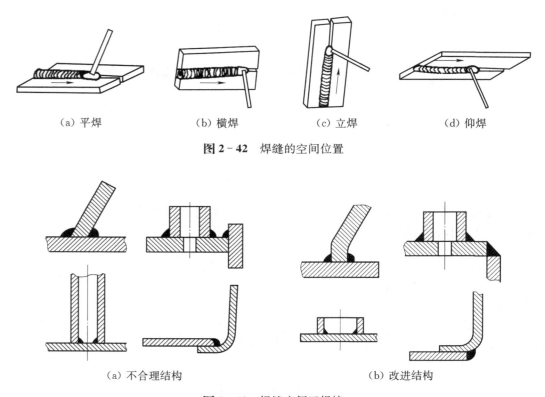

（a）平焊　　　　（b）横焊　　　　（c）立焊　　　　（d）仰焊

图 2 - 42　焊缝的空间位置

（a）不合理结构　　　　　　　　（b）改进结构

图 2 - 43　焊缝应便于焊接

2.3.2　减少焊接应力和变形应注意的原则

　　通过合理布置焊缝,来减小焊接应力和变形,常用的原则如下。

　　(1) 尽量减少焊缝数量。采用型材、管材、冲压件、锻件和铸钢件等作为被焊材料,这样不仅能减小焊接应力和变形,还能减少焊接材料消耗,提高生产率。如图 2 - 44 所示箱体构件,如采用型材或冲压件(图 2 - 44a)焊接,可较板材(图 2 - 44b)减少两条焊缝。

　　(2) 尽可能分散布置焊缝。如图 2 - 45 所示,焊缝集中分布容易使接头过热,材料的力学性能降低。两条焊缝的间距一般要求大于 3 倍或 5 倍的板厚。

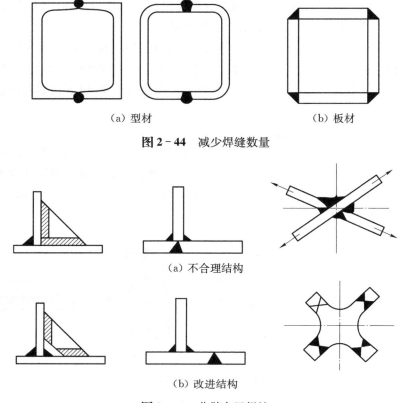

（a）型材　　　　　　　　　　　（b）板材

图 2 - 44　减少焊缝数量

（a）不合理结构

（b）改进结构

图 2 - 45　分散布置焊缝

（3）尽可能对称分布焊缝。如图 2 - 46 所示，焊缝的对称布置可以使各条焊缝的焊接变形相抵消，对减小梁柱结构的焊接变形有明显的效果。

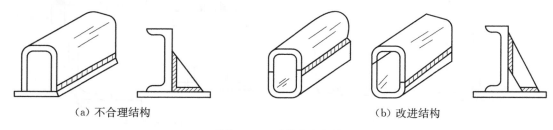

（a）不合理结构　　　　　　　　　　　　　（b）改进结构

图 2 - 46　对称分布焊缝

2.3.3　焊缝应尽量避开最大应力和应力集中部位

如图 2 - 47 所示。以防止焊接应力与外加应力相互叠加，造成过大的应力而开裂。不可避免时，应附加刚性支承，以减小焊缝承受的应力。

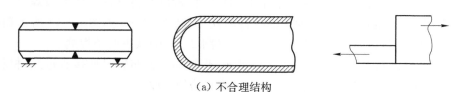

（a）不合理结构

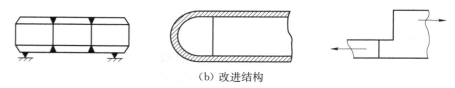

（b）改进结构

图 2 - 47　焊缝避开最大应力集中部位

2.3.4　焊缝应尽量避开机械加工面

一般情况下,焊接工序应在机械加工工序之前完成,以防止焊接损坏机械加工表面。此时焊缝的布置也应尽量避开需要加工的表面,因为焊缝的机械加工性能不好,且焊接残余应力会影响加工精度。如果焊接结构上某一部位的加工精度要求较高,又必须在机械加工完成之后进行焊接工序时,应将焊缝布置在远离加工面处,以避免焊接应力和变形对已加工表面精度的影响,如图 2 - 48 所示。

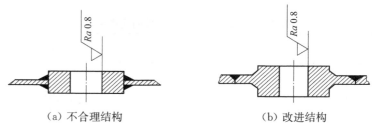

（a）不合理结构　　　　　　　　　　　　（b）改进结构

图 2 - 48　焊缝远离机械加工表面

2.4　金属塑性成形零件结构设计基本原则

2.4.1　金属塑性成形的分类

按照成形的特点,一般将塑性成形分为块料成形(又称体积成形)和板料成形两大类,每类又包括多种加工方法,形成各自的工艺领域。

1）块料成形

块料成形是在塑性成形过程中靠体积转移和分配来实现的。这类成形又可分一次加工和二次加工。

（1）一次加工。这是属冶金工业领域内的原材料产生的加工方法,可提供型材、板材、管材和线材等。加工方法包括轧制、挤压和拉拔。在这类成形过程中,模具设计对于产品质量非常重要,适用于连续的大批量生产。

（2）二次加工。这是为机械制造工业领域内提供零件或坯料的加工方法。这类加工方法包括自由锻和模锻,统称为锻造。

① 自由锻。自由锻是在锻锤或水压机上,利用简单的工具将金属锭料或坯料锻成所需形状和尺寸的加工方法。自由锻时不使用专门模具,因而锻件的尺寸精度低,生产率也不高,主要用于单件、小批量或大锻件生产。

② 模锻。模锻是将金属坯料放在与成品形状、尺寸相同的模腔中使其发生塑性变形,从而获得与模腔形状、尺寸相同的坯料或零件的加工方法。由于金属的成形受模具控制,因而模具的设计就决定了产品的质量和精度,适合于大批量生产。

2）板料成形

板料成形一般称为冲压，它是对厚度较小的板料，利用专门的模具，使金属板料通过一定模孔而产生塑性变形，从而获得所需的形状、尺寸的零件或坯料。冲压这类塑性加工方法可进一步分为分离工序和成形工序两类。分离工序用于使冲压件与板料沿一定的轮廓线相互分离，如冲裁、剪切等工序；成形工序用来使坯料在不破坏的条件下发生塑性变形，成为具有所要求的形状和尺寸的零件，如弯曲、拉伸等工序。

随着生产技术的发展，还不断产生新的塑性加工方法，例如连铸连轧、液态模锻、等温锻造和超塑性成形等，这些都进一步扩大了塑性成形的应用范围。

2.4.2 自由锻件零件设计基本原则

锻造成形过程是一个塑性成形过程，自由锻造的锻件最好采用简单的、对称的、直角或平的形状。椭圆形、工字形、弧线及曲线形截面都要避免。设计自由锻造零件的注意事项如表2-1所示。

表2-1 设计自由锻造零件的注意事项

一般准则	不合理的设计	改进后的设计
必须避免锻件带有锥形或楔形	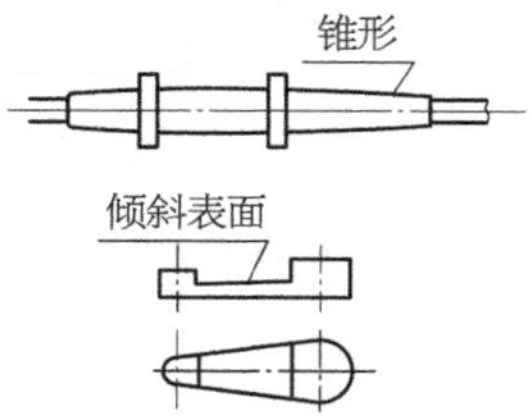	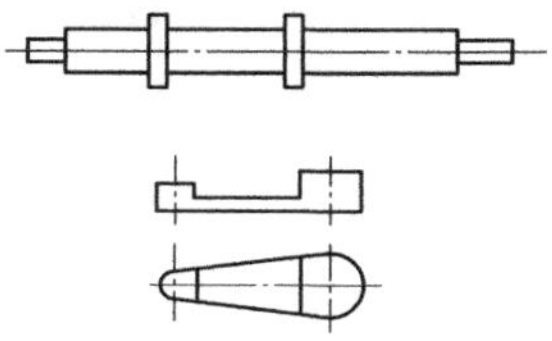
避免两个圆柱形表面或一个圆柱形表面和棱柱形表面交接	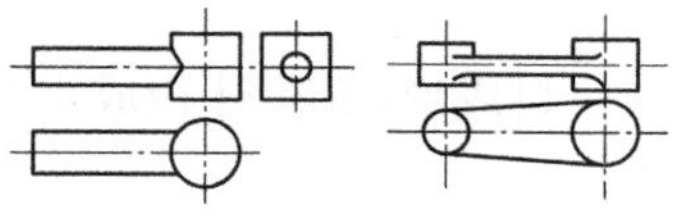	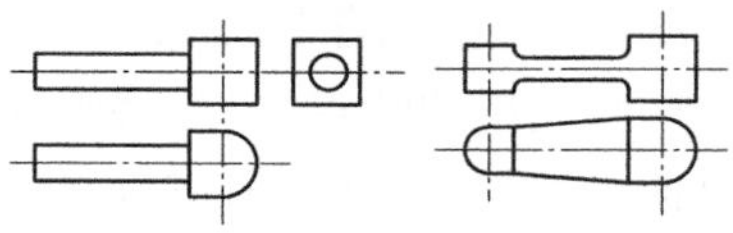
不允许有加强筋	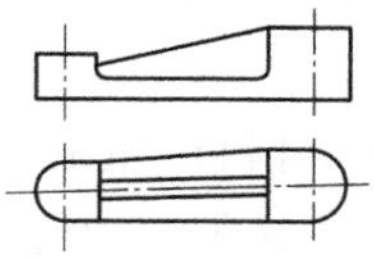	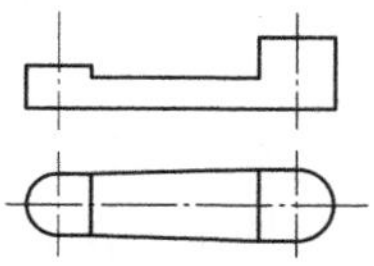
不允许在基体上或者叉形零件内部有凸台	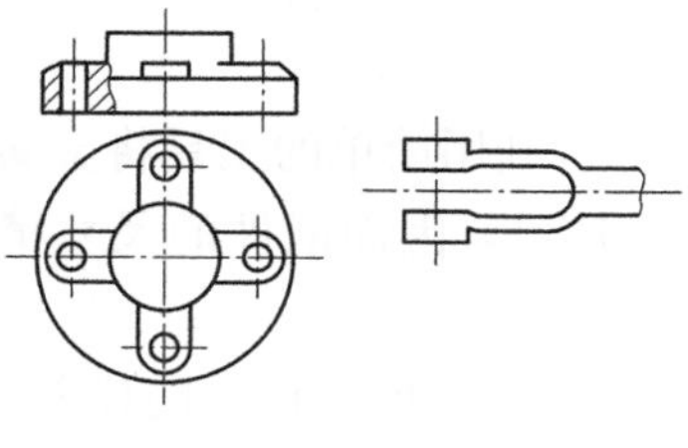	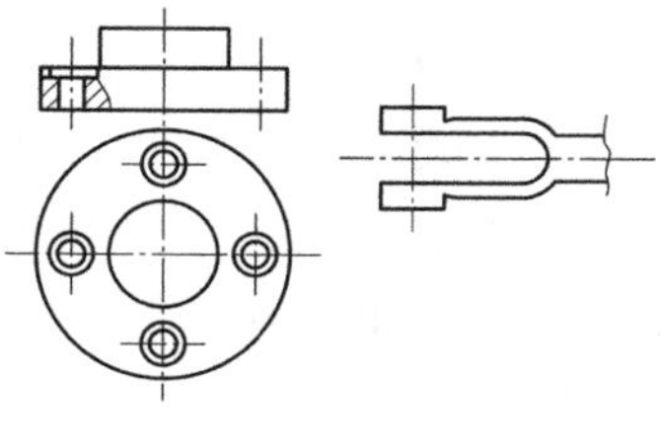

（续表）

一般准则	不合理的设计	改进后的设计
当零件具有骤变横截面尺寸或复杂的形状或长柄时，必须设法改成几个简单的部分组合或焊接而成	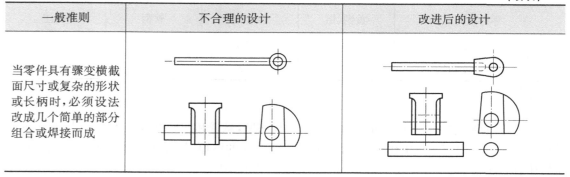	

2.4.3　冲压件结构设计基本原则

进行冲压设计就是根据已有的生产条件，综合考虑影响生产过程顺利进行的各方面因素，合理安排零件的生产工序，最优地选用、确定各工艺参数的大小和变化范围，设计模具，选用设备，以使零件的整个生产过程达到优质、高产、低耗和安全的目的。

在冲压件结构设计时应注意以下原则。

（1）冲压件的形状应尽可能简单、对称、排样废料少。在满足质量要求的条件下，把冲压件设计成少、无废料的排样形状。如图 2 - 49 所示，零件外形无关紧要，只是 3 个孔的位置有较高要求，合理的形状，可用无废料排样，材料利用率提高 40%。

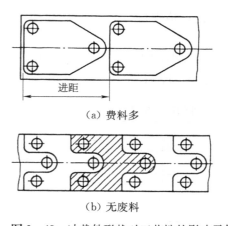

（a）费料多

（b）无废料

图 2 - 49　冲裁件形状对工艺性的影响示例图

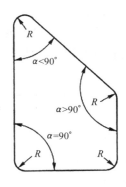

图 2 - 50　冲裁件的圆角图

（2）冲压件内形及外形的转角处要尽量避免尖角，应以圆弧过渡，以便模具加工，减少热处理开裂，减少冲压时夹角处的崩刃和快速磨损。图 2 - 50 为冲压件的圆角图。圆角半径 R 的最小值，参照表 2 - 2 选取。

表 2 - 2　冲裁最小圆角半径 （mm）

零件种类		黄铜、铝	合金钢	软钢	备注
落料	交角 ≥ 90°	$0.18t$	$0.35t$	$0.25t$	＞ 0.25
	交角 < 90°	$0.35t$	$0.70t$	$0.5t$	＞ 0.5

（续表）

零件种类		黄铜、铝	合金钢	软钢	备注
冲孔	交角 $\geqslant 90°$	$0.2t$	$0.45t$	$0.3t$	>0.3
	交角 $< 90°$	$0.4t$	$0.9t$	$0.6t$	>0.6

注：t 为结构厚度。

（3）尽量避免冲压件上有过长的凸出悬臂和凹槽，悬臂和凹槽宽度也不宜过小，应使它们的最小宽度 $b \geqslant 1.5t$；冲压孔与孔、孔与零件边缘之间的壁厚，因受模具强度和零件质量的限制，其值不能太小，一般要求 $c \geqslant 1.5t$，$c' \geqslant t$，见图 2-51。

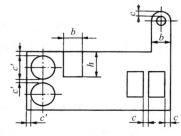

图 2-51　冲裁件的结构工艺图

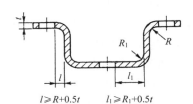

$l \geqslant R+0.5t$　　　$l_1 \geqslant R_1+0.5t$

图 2-52　弯曲件的冲孔位置工艺图

（4）若在弯曲件或拉伸件上冲孔时，孔边与直壁之间应保持一定距离，以免冲孔时凸模受水平推力而折断，见图 2-52。

（5）冲孔时，应受凸模强度的限制，孔的尺寸不应太小，否则凸模易折断或压弯。用不带保护套凸模和带保护套的凸模所能冲制的最小孔径分别如表 2-3、表 2-4 所示。

表 2-3　不带保护套凸模冲孔的最小尺寸

材　　料	圆孔	正方形孔	矩形孔	长圆形孔
钢 $\tau > 685$ MPa	$d \geqslant 1.5t$	$b \geqslant 1.35t$	$b \geqslant 1.2t$	$b \geqslant 1.1t$
钢 $\tau \approx 390 \sim 685$ MPa	$d \geqslant 1.3t$	$b \geqslant 1.2t$	$b \geqslant 1.0t$	$b \geqslant 0.9t$
钢 $\tau < 390$ MPa	$d \geqslant 1.0t$	$b \geqslant 0.9t$	$b \geqslant 0.8t$	$b \geqslant 0.7t$
黄铜、铜	$d \geqslant 0.9t$	$b \geqslant 0.8t$	$b \geqslant 0.7t$	$b \geqslant 0.6t$
铝、锌	$d \geqslant 0.8t$	$b \geqslant 0.7t$	$b \geqslant 0.6t$	$b \geqslant 0.5t$

注：t 为结构厚度。

表 2-4　带保护套凸模冲孔的最小尺寸

材　　料	圆　孔	矩　形
硬钢	$d \geqslant 0.5t$	$b \geqslant 0.4t$
软钢及黄铜	$d \geqslant 0.35t$	$b \geqslant 0.3t$
铝、锌	$d \geqslant 0.3t$	$b \geqslant 0.28t$

注：t 为结构厚度。

思考与练习

1. 切削件考虑加工工艺性时结构设计通常应考虑哪些问题？
2. 切削件为了保证零件精度应注意哪些事项？
3. 铸件为减少铸造缺陷应遵循哪些原则？
4. 焊接件焊缝布置时应注意哪些事项？
5. 冲压件结构设计的原则有哪些？

第3章

机床传动系统结构设计

◎ **学习成果达成要求**

机床是金属切削加工所必需的重要设备,车床是最常见的一种机床。

学生应达成的能力要求包括:

1. 了解典型传动及控制装置的工作原理及结构组成。

2. 了解 CA6140 车床的组成、加工工艺范围;掌握其主轴箱、进给箱、溜板箱等主要结构特点。

3. 掌握机床结构设计的过程及图示表达。

《《《

3.1 传动系统中的典型机构

各种机械设备,尽管其结构、特点、功用各不相同,但有一共同点,就是输出必需的运动和动力。因此,各种设备都是由一些具有某种特定功能或能完成某种运动或动作的装置和机构组成,例如开停装置、制动装置、换向装置、变速装置、操作机构等。通过这些典型装置和机构的不同组合及搭配,就可以使机械设备完成其要求的功能。

3.1.1 离合器

离合器的作用是使机械传动接通或分离,以实现设备的开停、变速、换向、制动和过载保护等。离合器种类很多,按其结构功能的不同可分为啮合式离合器、摩擦式离合器、超越式离合器和安全离合器;按其操作方式的不同,又可分为操纵式(机械、气动、液压、电磁操纵)离合器和自动离合器。

常用离合器的结构和基本特点见表 3-1。

表 3-1 离合器的特点和应用

种 类		结构示意图	特点和应用
啮合式离合器	牙嵌式	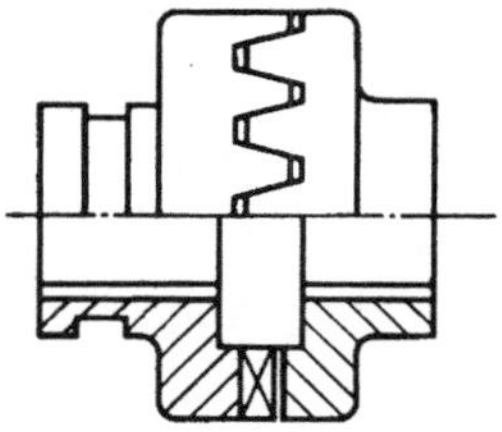	优点:接合后无相对滑动,可保证两轴同速转动,不发热,结构简单,尺寸小 缺点:在运转过程中接合易产生冲击、振动,多用于低速轴,通常在静止或低速下接合 适用于金属切削机床及其他机械设备

（续表）

种　类		结构示意图	特点和应用
	齿轮式	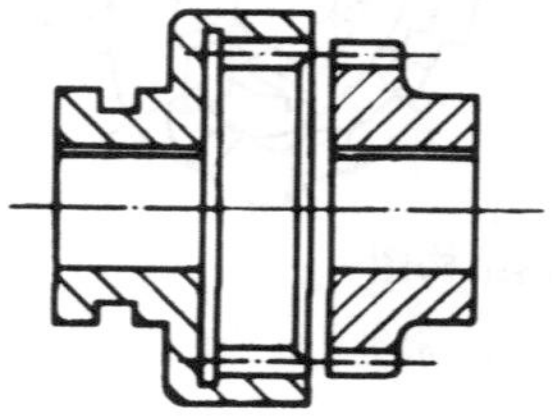	优缺点基本与牙嵌式离合器相同,但其轮齿可用齿轮机床制造,全部齿的总接触面积较大,磨损较小,通常在静止或低速下接合 应用较广泛,如金属切削机床等设备
摩擦式离合器	多片式	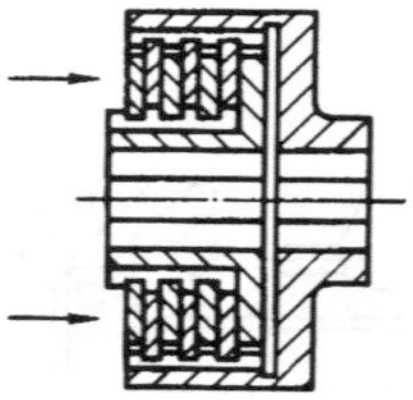	优点:结构紧凑,接合平稳,过载打滑 缺点:不能保证两轴同速,摩擦生热 广泛用于金属切削机床及其他机械设备中
	圆锥式		优缺点基本同上,但比上述离合器能传递较大的扭矩 适用于金属切削机床及其他机械设备
电磁粉末离合器		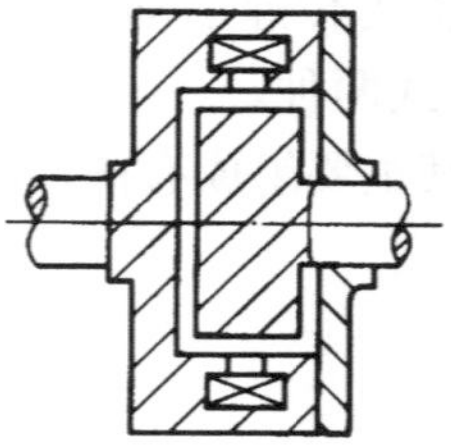	优点:接合平稳,可调速,便于远距离操纵,可传递较大扭矩,过载打滑 缺点:发热大,尺寸较大 适用于球磨机、空气压缩机以及数控机床等自动控制系统中
超越式离合器		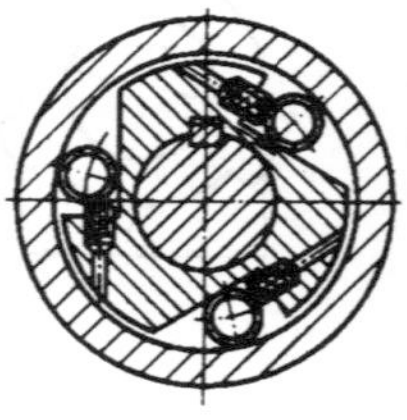	一般只能传递单向转动,当被动件转速大于(超越)主动件时能自动脱开 用于机械快慢速的转换装置或不允许逆转的机构以及自动化装置中

1) 啮合式离合器

啮合式离合器由两部分组成,两部分的齿爪相互啮合传递运动和转矩。该离合器结构简单、紧凑,接合后不会滑动,可以传递较大转矩且传动比准确,但其离、合均需在静止或极低速场合下完成。啮合式离合器按结构不同,又分为牙嵌式和齿轮式两种。

牙嵌式离合器的齿型为矩形或梯形,啮合间隙相对较大,容易啮合,但在运动中易产生冲击、振动,其结构如图3-1所示。

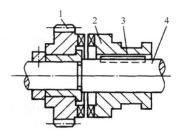
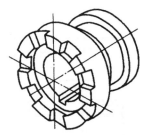

图 3‑1   牙嵌式离合器结构图

1—左半离合器；2—右半离合器；3—滑键；4—轴

齿轮式离合器实际是一对齿数和模数相同的内外齿轮的啮合，其传动更加平稳，相对传递转矩也较大，其结构如图 3‑2 所示。

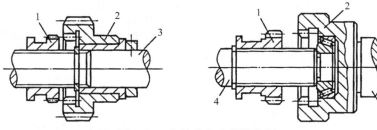

图 3‑2   齿轮式离合器结构图

1—左半离合器；2—右半离合器；3、4—轴

2）摩擦式离合器

摩擦式离合器利用相互压紧的摩擦元件之间的摩擦力传递运动和转矩，常用的摩擦元件有片式结构和锥式结构，其中片式又分为单片式和多片式两种。

图 3‑3 所示为机械操纵的多片式摩擦式离合器，其主要组成有内、外摩擦片、压紧及操纵

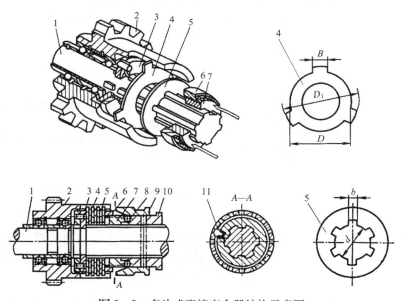

图 3‑3   多片式摩擦离合器结构示意图

1—轴；2—齿轮套筒；3—垫片；4—外摩擦片；5—内摩擦片；6—螺母套；
7—压紧套；8—钢球；9—滑套；10—楔块；11—弹簧销

机构。齿轮套筒 2 空套在轴 1 上,外摩擦片 4 外径上有三或四个均布的凸齿,插入齿轮套筒 2 上的轴向槽中,内摩擦片 5 内径开有花键孔,安装在轴 1 的花键轴上。这样外摩擦片与齿轮 2 一起转动,内摩擦片与轴 1 一起转动,内外摩擦片相间排列安装。当通过操纵机构带动压紧套 7 向左移动时,可将左边的内外摩擦片相互压紧,则齿轮的运动通过摩擦片之间的摩擦力传递扭矩使轴 1 运动起来。多片式摩擦式离合器传递扭矩的大小取决于压紧套的压紧力、摩擦片间的摩擦系数、摩擦片的作用半径以及摩擦面对数。

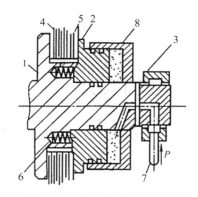

图 3 - 4　液压摩擦式离合器

1—轴;2—活塞;3—导流环;4—外摩擦片;5—内摩擦片;6—弹簧;7—油管;8—缸体

　　图 3 - 4 为液压操纵的多片式摩擦式离合器,其内外摩擦片的压紧和松开是通过液压装置实现的。

　　摩擦式离合器的特点是:摩擦元件接触面积愈大、摩擦片数愈多,传递转矩能力也愈大,因此其结构较大。由于摩擦片间具有打滑倾向,因此其传动比并不准确,但可在过载时产生一定的安全保护作用。它可在高速运动中离合,也被广泛应用于需要频繁启动、制动或速度频繁变化的传动系统中。

　　3)超越式离合器

　　超越式离合器用在有快、慢两个动力源交替传动的轴上,可以实现输出轴快、慢运动的自动转换。根据速度转换的方向,又可以分为单向超越式离合器和双向超越式离合器两种。其主要的工作形式有:

　　(1)有动力的主动体(外圈)带动无动力的被动体(心轴)旋转;

　　(2)若心轴被另外赋予动力,则心轴可超越外圈以更快的速度旋转,而此时外圈是否转动均不受影响,且原相互位置关系也保持不变,即实现所谓的"超越"。

　　图 3 - 5 为单向超越式离合器,慢速运动时,外圈 m 推动滚柱 3 在斜楔中卡紧,带动星型体 4 再通过键带动心轴转动。当心轴快速运动时,由于滚柱 3 在斜楔中松开,星型体与外圈之间脱开,则心轴可超越外圈以更快的速度运动,由于星型体与外圈之间 3 个斜楔的方向相同,故该种结构的离合器只能自动转换相同方向(图示为逆时针方向)的快、慢速运动,故称之为单向超越式离合器。

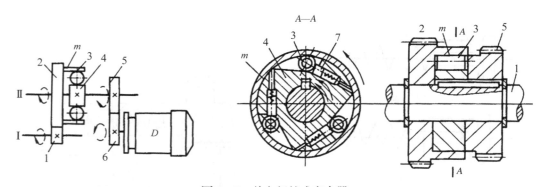

图 3 - 5　单向超越式离合器

1、5、6—齿轮;2—外套齿轮;3—滚柱;4—星型体;7—弹簧销

　　图 3 - 6 为带拨爪的超越式离合器。该结构中,当外套 m 慢速运动时,它可通过滚柱楔紧星型体,从而带动心轴转动。电机经齿轮 5 传递逆时针快速运动时,与空套齿轮 5 连接的拨爪 n 直接推

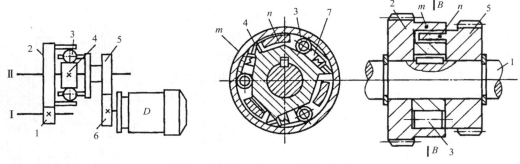

图 3-6　带拨爪双向超越式离合器

1、5、6—齿轮；2—外套齿轮；3—滚柱；4—星型体；7—弹簧销

动星型体和心轴逆时针快转；当齿轮 5 顺时针快转时，拨爪则通过滚柱 3 推动星型体和心轴顺时针快转，实现了心轴的双向快速运动。

图 3-7 为双向超越式离合器的结构示意图。在该离合器中，由于斜楔方向的不同，使得外圈在两个方向均能带动心轴慢速转动；而通过拨爪的推动，心轴又可以在两个方向实现超越外圈的快速运动。

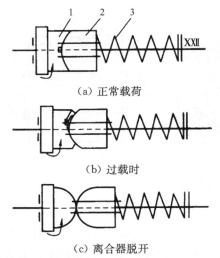

图 3-7　双向超越式离合器

4）安全离合器

安全离合器是非破坏性过载保护装置。正常工作时，安全离合器始终是接合的，并传递转矩。当出现过载时，安全离合器"被分开"。大多数离合器已标准化、系列化，使用时可根据需要选择。

图 3-8 为牙嵌式安全离合器的工作原理图。图 3-8a 表示正常载荷下，离合器处于结合状态；图 3-8b 为过载发生时，由于向右的轴向分力超过由弹簧 3 控制的向左的压紧力，弹簧 3 被压缩，从而使安全离合器的左右两部分 1 和 2 分开，运动联系中断，直至图 3-8c 所示的离合器完全脱开，实现安全保护。这种离合器结构简单，但噪声较大，齿面易磨损。

图 3-9 为钢球安全离合器结构图，它靠弹簧将钢球定在锥孔里将离合器的两部分连接，

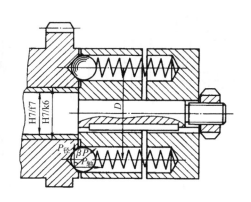

（a）正常载荷

（b）过载时

（c）离合器脱开

图 3-8　牙嵌式安全离合器工作原理图

图 3-9　钢球式安全离合器

这种离合器反应灵敏,比牙嵌式离合器的安全保护可靠,但不宜用于重载荷的场合。

3.1.2 变速传动机构

变速传动机构通常有无级变速机构和有级变速机构两种。有级变速机构采用不同的方式改变主、从动轴间的传动比进行变速,从而使主动轴的一种转速变为从动轴的几种不同转速。

有级变速传动方式有塔轮变速、滑移齿轮变速、离合器变速、挂轮变速、摆移齿轮变速及拉键变速等,以下对常见的滑移齿轮变速和离合器变速机构以及它们形成的有级变速传动系统进行介绍。

1)滑移齿轮变速传动机构

滑移齿轮变速是通过多联滑移齿轮的移动实现的。为防止滑移过程中齿轮齿顶相碰,常用的有双联或三联滑移齿轮,结构如图 3-10 所示。此种变速形式的优点是结构紧凑、传动比准确、变速传动方便、传动效率高;缺点是不能在运动中变速。

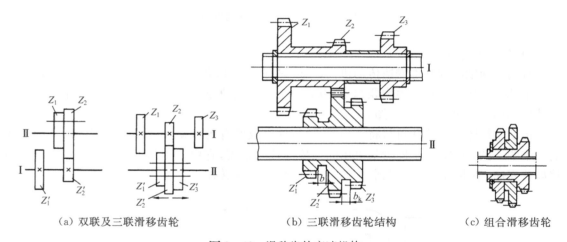

（a）双联及三联滑移齿轮　　　　（b）三联滑移齿轮结构　　　　（c）组合滑移齿轮

图 3-10　滑移齿轮变速机构

2)离合器变速传动机构

离合器变速是通过离合器的接合和断开实现速度的变化。它的优点是变速方便、易实现自动化,可用于斜齿传动的变速,比滑移齿轮操作省力。如使用摩擦离合器,则可在运动中变速。缺点是容易磨损、效率低、结构复杂、尺寸较大。图 3-11 所示为几种常用的离合器变速机构。

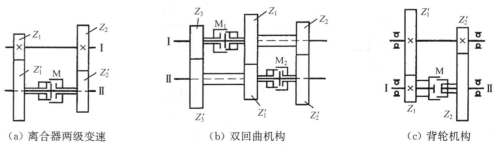

（a）离合器两级变速　　　　（b）双回曲机构　　　　（c）背轮机构

图 3-11　离合器变速传动机构

使用离合器变速机构时应避免超速现象。"超速"有两种理解：一是不参与传递运动和动力的齿轮高速空转；二是不参与传递运动和动力的齿轮在超过极限传动比的情况下高速空转。如图 3 - 12 所示，当图 3 - 12a 的 M_1 合上时，C 超高速空转；图 3 - 12b 所示的情况较好，不超速；图 3 - 12c 所示的情况则好于图 3 - 12d。

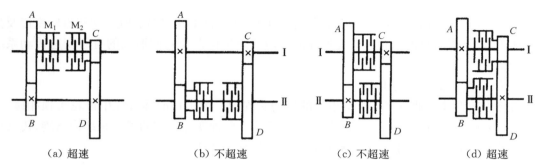

|（a）超速|（b）不超速|（c）不超速|（d）超速|

图 3 - 12　摩擦离合器变速机构

3）有级变速传动系统

常用的两轴间的基本变速传动机构，一般只有 2～4 级传动比，当需要更多变速级数时，常将几个基本变速机构顺序地串联起来，组成一个有级变速系统。该系统中的每一个基本变速传动机构称为一个变速组，如图 3 - 13 所示。

传动系统图是用简化符号将动力源、执行件以及所有的传动元件以展开图的形式绘制成的二维图。图 3 - 13 所示即为某机床的主传动传动系统，它由三个基本变速组组成。通过滑移齿轮变速，使主轴（Ⅳ轴）得到 $Z = 3 \times 2 \times 2 = 12$ 级转速。

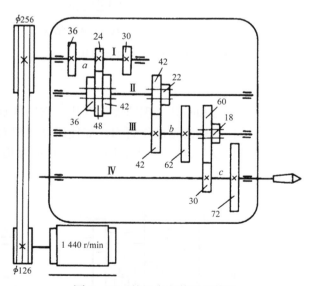

图 3 - 13　某机床主传动系统图

图 3 - 13 中的机床主传动系统的传动路线表达式如下：

$$1\,440\ \text{r/min} \rightarrow \frac{\phi 126}{\phi 256} \rightarrow \text{I} \rightarrow \begin{Bmatrix} \dfrac{36}{36} \\[4pt] \dfrac{24}{48} \\[4pt] \dfrac{30}{42} \end{Bmatrix} \rightarrow \text{II} \rightarrow \begin{Bmatrix} \dfrac{42}{42} \\[4pt] \dfrac{22}{62} \end{Bmatrix} \rightarrow \text{III} \rightarrow \begin{Bmatrix} \dfrac{60}{30} \\[4pt] \dfrac{18}{72} \end{Bmatrix} \rightarrow \text{IV}$$

3.1.3 换向机构

运动部件在工作时,经常需要改变运动方向,因此在传动链中应有换向装置。常用的换向机构有机械式、液压式、电气式三种。换向机构的位置在原则上,离执行件越近,换向平稳性越好。常用的机械式换向机构有以下几种,如图 3-14 所示。

(1) 带换向机构,用于功率较小、传动要求较低的场合。

(2) 挂轮架换向机构,此机构可同时配以中间齿轮更换,用于变速。

(3) 滑移齿轮换向机构,此机构轴向尺寸较大,使用较方便。

(4) 离合器换向机构,此机构可使齿轮固定不动,传动刚性较好。

(5) 锥齿轮＋离合器换向机构,此机构锥齿轮可改变传动轴的方向。

(6) 锥齿轮滑移换向机构。

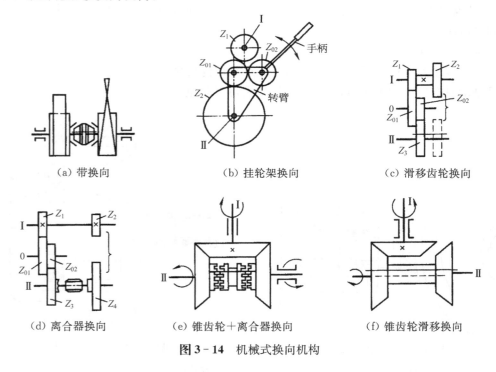

图 3-14 机械式换向机构

3.1.4 制动器

常用的制动器主要是利用摩擦力制动,可分为机械摩擦片式制动器、液压制动器和电气制动器几种。一般情况下,制动器装在转速最高的轴上时,可使摩擦力矩最小,装在最靠近执行件处可使制动平稳;若制动时间短,则冲击大、磨损大;若制动时间长则非机动时间长、效率低。根据载荷情况,制动器的制动力矩是需要调整的,因此制动器应装在箱体外或箱体内偏上方等易于调整操作的位置;制动器的结构设计,还需要考虑与启停装置的联动互锁关系,即在制动时必须同时切断动力源,而在启动动力源时,制动器必须松开。一般需设计一套操纵机构,同时控制动力源和制动两种动作。常见的制动器有闸带式、闸瓦式、片式等几种。

1)闸带式制动器

如图3-15所示为闸带式制动器的工作原理。

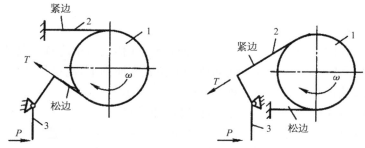

图3-15 闸带式制动器工作原理

1—闸轮;2—闸带;3—杠杆

设计闸带式制动时,应分析闸轮的转动方向及闸带的受力状态,操纵杠杆应作用于闸带的松边,可使操纵力小且制动平稳。其优点是结构简单、轴向尺寸小、操纵方便;缺点是制动时有较大的单侧压力。

2)闸瓦式制动器

闸瓦式制动器结构如图3-16所示,其优点是结构较简单、操纵较方便、制动时间短;主要缺点是制动时有较大的单侧力,若为双侧结构则可以避免。

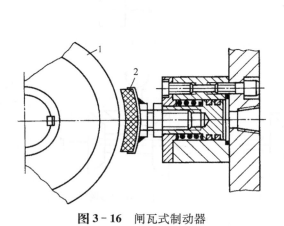

图3-16 闸瓦式制动器

1—闸轮;2—闸瓦

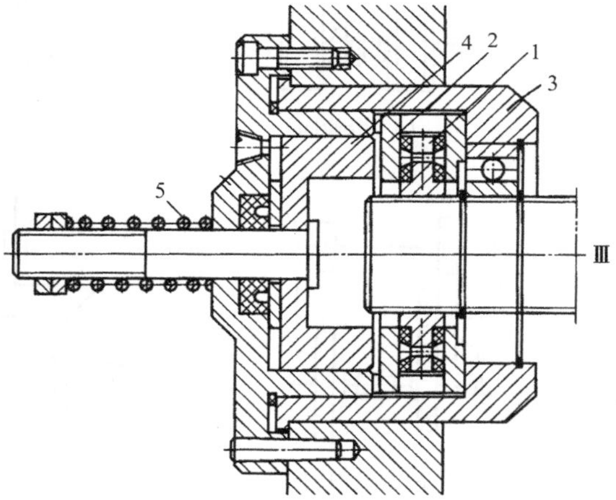

图3-17 单片式制动器

1—动片;2—定片;3—固定套;4—活塞;5—弹簧

3)片式制动器

片式制动器有单片式和多片式结构,图3-17是单片式制动器的结构图。动片1与传动轴Ⅲ靠花键连接,定片在固定套3上可沿其槽口轴向移动。制动时断开传动链,接通压力油使活塞4向右移动,将定片压紧动片靠摩擦力矩使之制动;需要运动时,断开压力油,靠弹簧5使活塞向左移开,放松定片。它的优点是没有单向压力,但缺点是结构较复杂、轴向尺寸较大。

3.1.5　操纵机构

1）操纵机构的功用及要求

操纵机构主要是控制机器的启动、停止、制动、变速和换向、运动分配和动作的执行顺序。设计操纵机构时应尽量满足以下几点：操纵省力、轻便、便于记忆；手柄形状、大小应抓取舒服；手柄位置应尽量在工人操作位置伸手可及处；手柄或按钮可考虑采用不同颜色以便于区分和记忆；紧急停止按钮做成红色，且与其他按钮空开一定距离，保证动作安全可靠。

2）操纵机构的组成及形式

操纵机构由操纵件、传动件、控制件、执行件、定位件等组成。常用的操纵件有手轮、手柄和按钮等；传动件有杠杆、凸轮、齿轮齿条和丝杠等；控制件有凸轮和液压阀等；执行件有拨叉和滑块等；定位件有钢球和圆柱销等。如图 3 - 18 所示为常用操纵机构的形式。

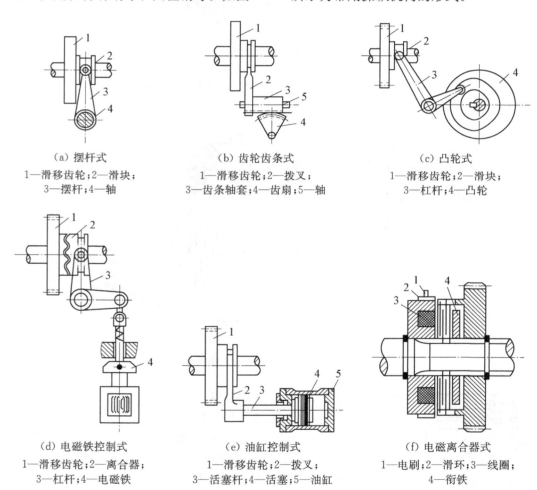

（a）摆杆式

1—滑移齿轮；2—滑块；
3—摆杆；4—轴

（b）齿轮齿条式

1—滑移齿轮；2—拨叉；
3—齿条轴套；4—齿扇；5—轴

（c）凸轮式

1—滑移齿轮；2—滑块；
3—杠杆；4—凸轮

（d）电磁铁控制式

1—滑移齿轮；2—离合器；
3—杠杆；4—电磁铁

（e）油缸控制式

1—滑移齿轮；2—拨叉；
3—活塞杆；4—活塞；5—油缸

（f）电磁离合器式

1—电刷；2—滑环；3—线圈；
4—衔铁

图 3 - 18　常用操纵机构的形式

3）操纵机构的分类

操纵机构的类型主要有单独操纵机构和集中操纵机构。单独操纵机构的结构简单、设计制造容易，但当有多个动作时操作比较麻烦。集中操纵机构的结构复杂、设计制造困难，但操作方便。单独操纵机构又可分为摆动式和移动式，图 3 - 19a 为摆动式操纵机构，图 3 - 19b 为移动式操纵机构。摆动式操纵机构设计制造均比较简单;但当滑移齿轮行程较大或摆动式设计发生困难时则应考虑移动式操纵机构。

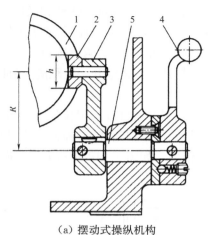

(a) 摆动式操纵机构

1—滑移齿轮;2—滑块;3—摆杆;4—手柄;5—转轴

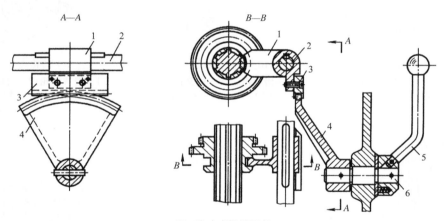

(b) 移动式操纵机构

1—拨叉;2—导向杆;3—齿条;4—齿扇;5—手柄;6—轴

图 3 - 19　摆动式和移动式操纵机构

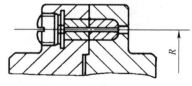

图 3 - 20　剪断销结构

3.1.6　保险装置

1) 过载、事故保险装置

摩擦式离合器及安全离合器等均可以作为过载保护装置,它们的结构及原理在 3.1.1 中已有论述。此外,机械结构中还常用剪断销作为安全保险装置,结构如图 3 - 20 所示。

2) 互锁装置

凡是在运动中会发生互相干涉的机构,都必须增设互锁装置。具体来说,互锁机构常用于如下场合:防止几个运动同时传动一个部件,如车床丝杠和光杠不能同时传动刀架;防止同时接通几个相互矛盾的动作,如车床纵横向机动进给;防止两轴间有两对或两对以上的齿轮同时啮合;当运动有先后顺序要求时,必须按要求顺序接通动作。图 3 - 21 为几种常见机械互锁方法,其中图 3 - 21a～f 为平行轴间的互锁结构原理图,图 3 - 21g、h 为交错轴间的互锁结构原理图。如图 3 - 21a 所示,通过削边圆盘实现两平行轴的转动互锁;图 3 - 21d 中,通过钢球实现两平行轴的移动互锁。

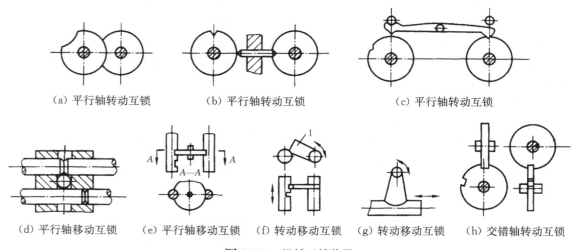

　（a）平行轴转动互锁　　　（b）平行轴转动互锁　　　　　　（c）平行轴转动互锁

（d）平行轴移动互锁　（e）平行轴移动互锁　（f）转动移动互锁　（g）转动移动互锁　（h）交错轴转动互锁

图 3 - 21　机械互锁装置

3.2　CA6140 车床传动系统结构分析

　　机床是制造机器的机器,也称作工作母机。常见的机床有:金属切削机床、特种加工机床、锻压机床和其他加工机床等。机械制造装备的核心是金属切削机床。金属切削机床是利用切削刀具与工件的相对运动,从工件上去除多余的或预留的材料,以得到符合规定尺寸及要求的零件。

　　常用的金属切削机床按其切削方式可分为车床、钻床、镗床、磨床、齿轮加工机床、螺纹加工机床、铣床、刨（插）床、拉床、切断机床和其他机床等。其他机床有锯床、键槽加工机床及研磨、珩磨机床等。

　　CA6140 卧式车床的主要组成部件可概括为“三箱刀架尾座床身”。如图 3 - 22 所示,三箱

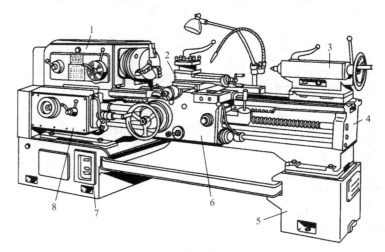

图 3 - 22　CA6140 卧式车床

1—主轴箱；2—刀架；3—尾座；4—床身；5、7—床腿；6—溜板箱；8—进给箱

即主轴箱、进给箱及溜板箱。主轴箱 1 内装有主轴,实现主运动,主轴端部装有三爪或四爪卡盘以夹持工件。进给箱 8 的作用主要是变换刀具进给量,溜板箱 6 主要带动刀架 2 实现纵向、横向机动及快速运动。刀架上可装四把刀具,按需要手动转位使用。尾座 3 用以支持工件或安装钻头等孔加工刀具。这些部件都安装在床身 4 上,以保证部件间的相互位置精度。

CA6140 卧式车床主轴组件在床身处的最大回转直径为 400 mm,刀架处的最大回转直径为 210 mm,最大可加工工件长度 2 000 mm,主轴内孔直径为 50 mm,棒料在孔内的装夹直径最大为 48 mm,主电动机功率 7.5 kW。CA6140 卧式车床是普通精度车床,加工的圆柱度、圆度精度为 0.01 mm,表面粗糙度 Ra 为 1.25~2.5 μm。

3.2.1 主轴箱结构

机床主轴箱是一个比较复杂的传动部件,主要由传动及变速系统、操纵机构和主轴组件等组成。它的装配图包括展开图、各种向视图和剖面图。图 3 - 23 是主传动系统展开图,图 3 - 24 是剖面图。所谓的展开图,是按照各传动轴传递运动的先后顺序,沿其轴线剖开,并将其展开而形成的图。在通常展开图中主要表示:

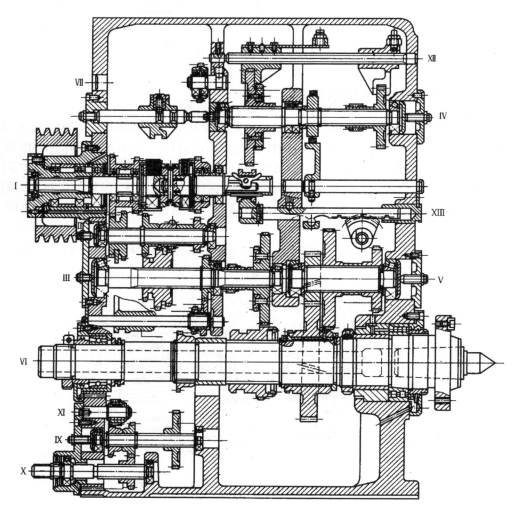

图 3 - 23 CA6140 型卧式车床主轴箱展开图

（1）各传动件(轴、齿轮、带传动和离合器等)的啮合传动关系；

（2）各传动轴及主轴上有关零件的结构形状、装配关系和尺寸以及箱体有关部分的轴向尺寸和结构。

CA6140 型车床主轴箱中Ⅰ～Ⅴ轴均为传动轴，Ⅰ轴结构比较复杂，其左端装有卸荷式带轮，将带轮上的重力及张力通过轴承支架法兰传递到箱体上。安装双向片式摩擦离合器实现主轴换向，与Ⅳ轴上的制动器联动实现主轴的起停控制。

Ⅱ～Ⅴ轴主要安装滑移齿轮和固定齿轮，实现主轴变速。Ⅳ轴上除安装两个双联滑移齿轮外，还安装了闸带制动器的闸轮。各轴的支承基本采用圆锥滚子轴承，配合可调整间隙的轴承盖，用调节螺钉调节轴承的间隙、预紧力，还可调节轴系的轴向位置，以便使啮合齿轮对齐。

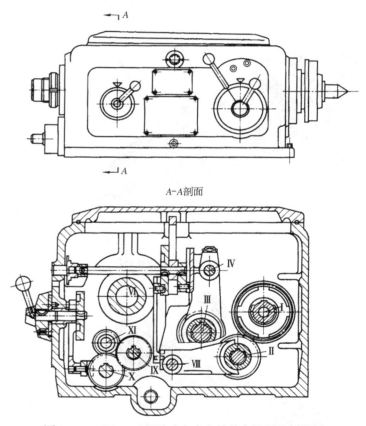

图 3-24　CA6140 型卧式车床主轴箱主视图及剖视图

1）Ⅰ轴卸荷机构

带轮将动力传到Ⅰ轴有两类方式，一类是带轮直接装在Ⅰ轴上，此种方式带轮除了传递转矩，带轮受到的皮带拉力也作用在Ⅰ轴上。另一类是带轮装在轴承上，轴承装在套筒(法兰盘)上，套筒用螺钉固定在箱体上，套筒与Ⅰ轴之间留有间隙。此时皮带传给轴的只是转矩，径向拉力则由套筒传至箱体。这种结构称为卸荷装置。CA6140 型车床主轴箱中Ⅰ轴的带轮传动即采用此种结构。图 3-25 是一种较简单的带轮卸荷结构。

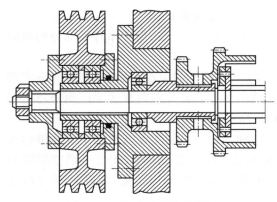

图 3 - 25 卸荷式带轮结构图

2）主轴换向及制动的操纵机构

主轴的换向及制动主要是利用 I 轴上的摩擦离合器和 IV 轴上的闸带制动器配合,通过操纵机构控制实现。当操纵手柄在上、中、下三个位置时,可以实现主轴的正转、停止和反转。

如图 3 - 26 所示,I 轴上装有双向多片式摩擦离合器,离合器左、右两部分结构相同。左离合器传动主轴正转,用于切削,需传递的扭矩较大,摩擦片的片数较多;右离合器传动主轴反转,主要用于退刀,摩擦片的片数较少。图 3 - 26a 中表示的是左离合器。

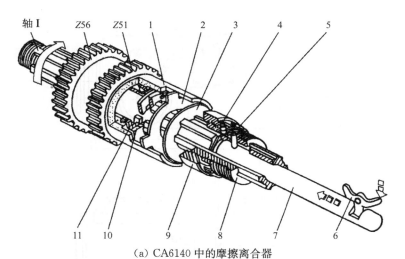

（a）CA6140 中的摩擦离合器

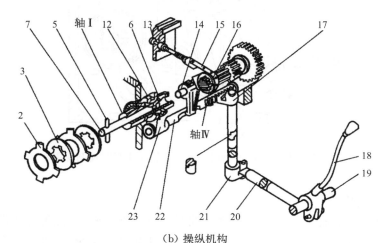

（b）操纵机构

图 3 - 26 摩擦离合器及其操纵机构

1—双联齿轮;2—外片;3—内片;4—弹簧销;5—销;6—元宝形杠杆;7—杆;8—压块;9—螺母;10、11—止推片;12—滑套;13—调节螺钉;14—杠杆;15—制动带;16—制动盘;17—齿扇;18—手柄;19—操纵轴;20—操纵杆;21—曲柄;22—齿条;23—拨叉

离合器的接合与脱开由手柄来操纵,如图 3 - 26b 所示。在操纵轴 19 上安装有操纵手柄 18,当向上扳动手柄 18 时,操纵杆 20 向外移动,通过连接件曲柄 21 带动扇形齿 17 顺时针方向转动,使齿条 22 通过拨叉 23 使滑套 12 向右移动。滑套 12 的两端为锥孔,中间是圆柱孔。滑套 12 向右移动时就将元宝销(杠杆)6 的右端向下压,使元宝销顺时针方向摆动,于是元宝销下端的凸缘便推动装在轴 1 内孔中的杆 7 向左移动,杆 7 通过其左端的销 5 带动压块 8 向左移动,从而压紧左边的摩擦片,使主轴正转。同理,将手柄 18 扳至下端位置时,压紧右边的摩擦片,使主轴反转。当手柄 18 处于中间位置时,主轴停止转动。

摩擦离合器除了传递动力还可起过载保护作用。当机床过载时,摩擦片打滑,使主轴停止转动。所以摩擦片之间的压紧力是根据离合器应传递的额定扭矩确定的。拧动压块 8 上的螺母 9,即可调整摩擦片的压紧力,螺母 9 的位置由弹簧销 4 定位。

制动器安装在Ⅳ轴上,制动盘 16 为一圆盘,它与轴Ⅳ用花键连接。制动带 15 包在制动盘上,一端通过调节螺钉固定在箱体上,另一端固定在制动杠杆 14 上。制动器也由手柄 18 操纵。当离合器脱开时,杠杆 14 处于齿条左端的凸起位置,使杠杆 14 向逆时钟方向摆动,将制动带拉紧,使Ⅳ轴和主轴迅速停止运动。当手柄 18 处于上位或下位时,杠杆 14 处于齿条左端凸起的左或右侧的凹槽处,使制动带放松,这时摩擦离合器接合,使主轴旋转。制动带的拉紧程度由螺钉 13 调整。

3)Ⅱ、Ⅲ轴间的六速变速操纵机构

图 3 - 27 所示为轴Ⅱ和轴Ⅲ上滑移齿轮的操纵机构,此操纵机构通过变速操纵手柄控制。手柄通过链传动带动轴及盘形凸轮转动,凸轮有 6 个不同的位置。当手柄转至各不同变速位置时,通过杠杆和曲柄操纵二联和三联滑移齿轮,使滑移齿轮的轴向位置实现 6 种不同的组合,得到 6 种不同的转速。

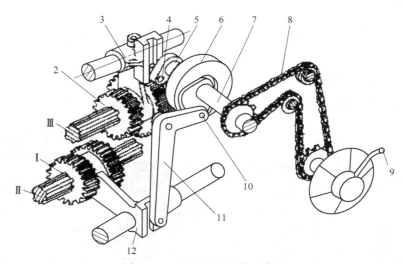

图 3 - 27　变速操纵机构示意图

1—双联滑移齿轮;2—三联滑移齿轮;3、12—拨叉;4—拔销;5—曲柄;
6—盘形凸轮;7—轴;8—链条;9—手柄;10—销;11—杠杆

4)主轴组件

主轴是主传动系统的核心部件,其结构设计质量对产品的精度至关重要,在第 6 章中将详细介绍,这里仅做简要说明。

（1）主轴的构造。

CA6140 车床主轴结构是空心的阶梯轴，前端锥孔用于安装顶尖，且前端还设计了便于安装、定位和紧固卡盘及工件等的结构，并通过端面键传递转矩。图 3 - 28 为 CA6140 主轴端部结构。

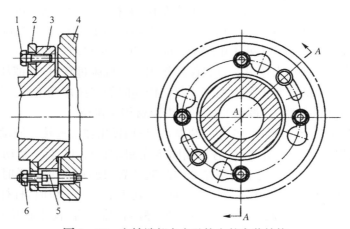

图 3 - 28 主轴端部卡盘及拨盘的安装结构

1—螺钉；2—圆环；3—主轴；4—拨盘或卡盘座；5—螺栓；6—螺母

（2）主轴的支承及传动齿轮。

CA6140 车床主轴目前为两支承结构，前端为径向支承，采用双列短圆柱滚子轴承；后端用角接触球轴承和推力球轴承，其中角接触球轴承承受径向力，而双向的轴向力则由推力轴承与角接触球轴承分别承受，前、后端轴承各用一个压块锁紧螺母，对轴承间隙分别进行调整。该主轴的轴向定位方式为一端定位。

主轴上装有三个齿轮，一般最大的齿轮装在靠近前端的位置，可减小受力变形对主轴刚度的影响。

3.2.2 溜板箱结构

CA6140 车床溜板箱装配结构如图 3 - 29 所示。主要组成部件介绍如下。

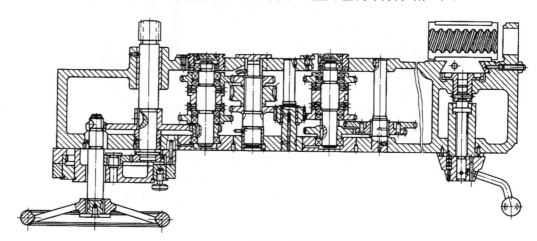

（a）溜板箱展开图

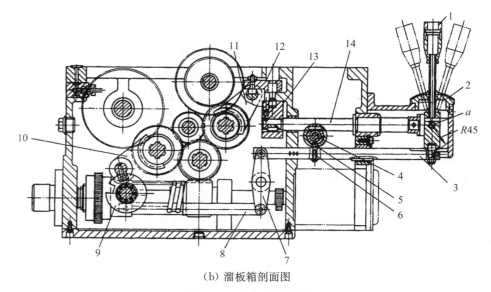

（b）溜板箱剖面图

图 3 - 29 溜板箱结构图

1—操纵手柄；2—盖；3、14—轴；4—手柄轴；5—销子；6—弹簧心轴；
7、12—杠杆；8—推杆；9、13—凸轮；10、11—拨叉

1）开合螺母机构

开合螺母的功用是接通或断开从丝杠传来的运动。车螺纹时，开合螺母合上，丝杠通过开合螺母带动溜板箱及刀架运动。CA6140 的丝杠（$P = 12 \, \text{mm}$）螺母副，其螺母是由上、下半螺母组成，如图 3 - 30 所示。当顺时针或逆时针转动操纵手柄 1 时，即可控制上、下半螺母 4、5

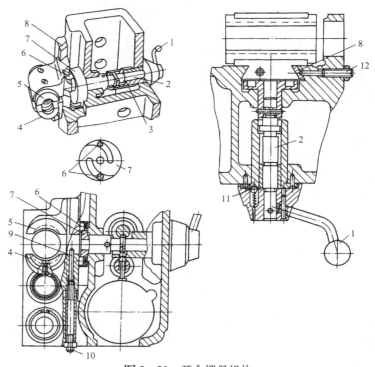

图 3 - 30 开合螺母机构

1—手柄；2—轴；3—支承套；4、5—开合螺母；6—圆柱销；7—圆盘；
8—镶条；9—销钉；10、12—螺钉；11—定位钢球

沿燕尾形导轨上下移动,使螺母分开或合上。当顺时针转动手柄1时,使圆盘7也相应转动,带动圆盘7中的两个圆柱销6沿圆盘中的偏心槽向圆盘中心靠拢,同时带动4、5两个半螺母向丝杠中心靠拢,与丝杠啮合。当逆时钟方向转动时,则两个半螺母与丝杠脱开啮合。圆盘7上的槽接近盘中心部分的倾斜角比较小,使开合螺母闭合后能自锁,不会因为螺母上的径向力而自动脱开。螺钉10的作用是限定开合螺母的啮合位置,拧动螺钉10,可以调整丝杠与螺母间的间隙。

2) 纵、横向(机动进给)操纵机构

CA6140车床刀架的纵向、横向机动进给及快速移动均由一个手柄集中操纵,即图3-31中所示手柄1。当需要纵向移动刀架时,向左或向右扳动操纵手柄,即可控制牙嵌式双向离合器 M_8 向相应方向啮合,使刀架做纵向机动进给。同样当扳动手柄向前或向后时,即可控制牙嵌式双向离合器 M_9 向相应方向啮合,使刀架做横向机动进给。

如按下手柄上端的按钮S,则可控制快速电机启动,使刀架可向相应方向快速移动,直到松开快速移动按钮为止。当手柄处于中间位置时,离合器均脱开,这时断开机动进给及快速移动。

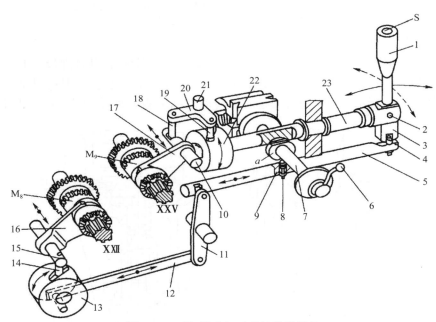

图3-31 纵、横向机动进给操纵机构

1、6—手柄;2、21—销轴;3—手柄槽;4、9—球头销;5、7、23—轴;8—弹簧销;
10、15—拨叉轴;11、20—杠杆;12—连杆;13、22—凸轮;14、18、19—圆柱销;
16、17—拨叉;S—按钮

3) 互锁装置

为了避免损坏机床,在接通机动进给或快速移动时,开合螺母不应闭合。反之,闭合开合螺母时,就不能接通机动进给和快速移动。为实现上述功能,在溜板箱中设计了对应的互锁装置,如图3-32所示。

如图3-32a所示状态,开合螺母及纵、横向操纵机构均处于不工作状态。图3-32b所示状态下,开合螺母操纵手柄已顺时针转动,开合螺母闭合,则控制纵、横向移动的上、下两根操纵轴2、1均被锁住,不能移动和转动。在图3-32c、d位置时,开合螺母处于脱开状态,此时,无论向左、向右拨动手柄使操纵轴1移动实现纵向进给,还是前后拨动手柄使操纵轴2转动实现横向进给,都会使开合螺母操纵轴3被锁住,使之不能在机动进给时闭合开合螺母,从而实现了加工螺纹与机动进给的互锁。

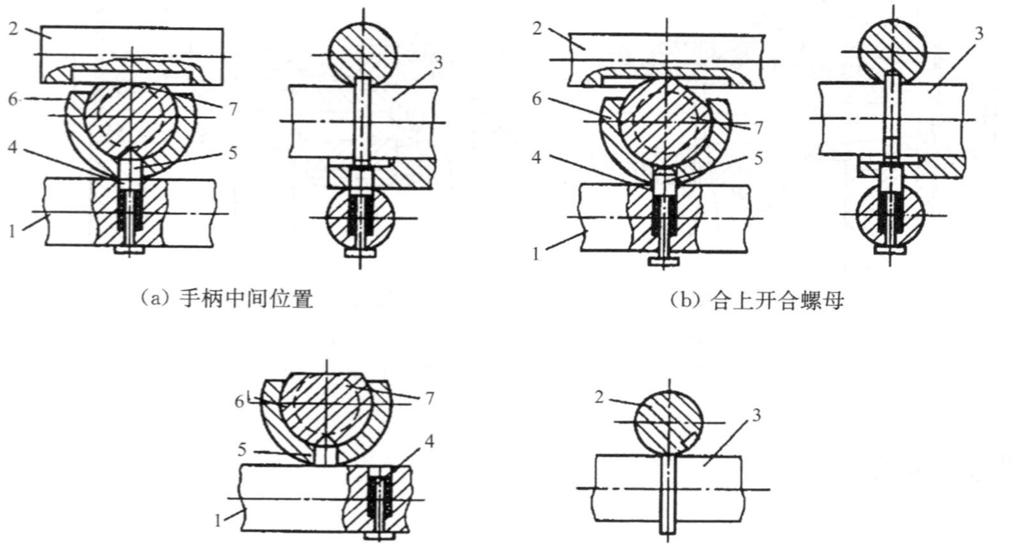

（a）手柄中间位置　　　　　　　　　　（b）合上开合螺母

（c）纵向机动进给　　　　　（d）横向机动进给

图 3-32　互锁机构工作原理图

1、2—轴;3—手柄轴;4—弹簧销;5—球头销;6—支承套;7—凸肩

4) 超越式离合器与安全离合器的应用

为防止机床过载并实现进给运动的快、慢速转换,CA6140溜板箱内设置了单向超越式离合器 M_6 和安全离合器 M_7。各部分之间的装配关系如图3-33所示。当机床过载时,刀具受到的载荷传递到轴ⅩⅩ,它将产生较大的轴向分力,克服弹簧力的作用,使 M_7 离合器的左右两半部分打滑分离,从而起到过载保护作用,其工作原理与3.1.1中安全离合器中的图3-8相同。

该离合器过载载荷的大小,可通过调整弹簧压紧力实现。具体步骤为:将锁紧螺母7松开,调整其后的螺母,则可使调整杆11通过锥销2带动弹簧座12移动,以此来调整弹簧的压缩量,进而调整离合器传递转矩的大小。

此外, M_6 离合器还可以实现轴ⅩⅩ的快慢速转换。它的慢速运动由主轴箱经进给箱传至齿轮6,由下图3-33中 $A-A$ 剖视可知,齿轮6带动滚柱楔紧星型体从而使轴ⅩⅩ慢速转动;当快速电机直接驱动轴ⅩⅩ时,滚柱将处于楔形间隙较宽的部分,从而使轴ⅩⅩ与慢速运动的齿轮6脱开,实现轴ⅩⅩ的快速运动,即快、慢速互不干涉,其工作原理与3.1.1中超越式离合器的相同。

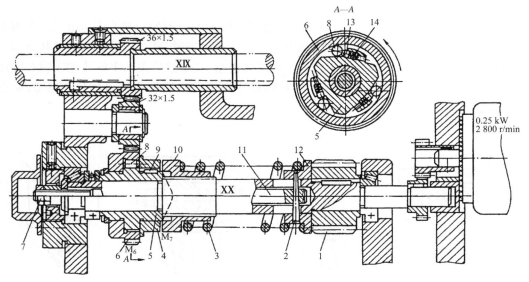

图 3 - 33 蜗杆轴及 M_6、M_7 离合器结构图

1—蜗杆；2—锥销；3—弹簧；4、10—离合器；5—星型体；6—齿轮，超越式离合器外壳；7—螺母；
8—滚柱；9—键；11—调整杆；12—弹簧座；13—柱销；14—弹簧

思考与练习

1. 典型机构分析。

（1）离合器的作用是什么？有哪些种类？各有何特点？

（2）试述摩擦式离合器的优缺点和使用场合。

（3）超越式离合器用于什么场合？常用的有哪几种？

（4）简述图 3 - 21 所示互锁装置是如何工作的。

（5）何谓超速现象？如何避免超速现象？

2. 传动系统图分析。

分析图 3 - 34、图 3 - 35 所示传动系统，计算主轴转速级数，写出传动路线表达式。

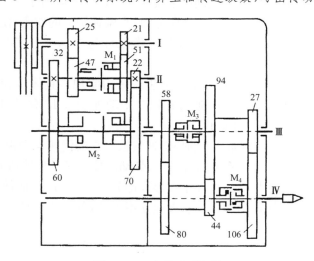

图 3 - 34 主传动系统图

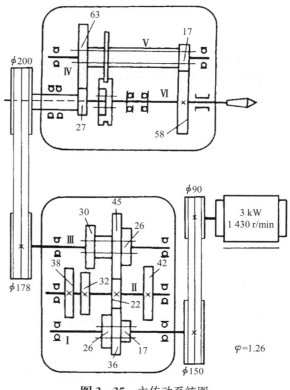

图 3-35　主传动系统图

3. CA6140 车床结构分析。

(1) 分析 M_1 离合器与闸带制动器是如何联动的。

(2) 对照主轴箱展开图,说明动力如何由电机传动轴 I 。说明卸荷带轮的工作原理。

(3) 分析溜板箱蜗杆轴的运动过程及特点。

(4) 分析溜板箱中开合螺母操纵机构与纵、横向机动进给操纵机构之间是如何实现互锁的?

第4章

机床传动系统运动设计

◎ 学习成果达成要求

    机床传动系统的运动设计是使机床能够实现各种切削加工的重要保障,是进行结构设计的基础。

    学生应达成的能力要求包括:

    1. 掌握机床主运动设计的方法、原则和设计步骤。

    2. 掌握 CA6140 车床主轴箱、进给箱、溜板箱的运动过程,读懂传动系统图。

《《《

为了获得所需的工件表面形状,机床加工过程中必须使刀具和工件按照某种方式完成一定的运动,这种运动称为表面成形运动。表面成形运动按其在切削加工中的作用,又分为主运动和进给运动两种。一般地,主运动是直接切除工件上多余材料,形成新表面的主要运动,其速度较高,消耗的功率也较多;进给运动是不断把切削层投入切削,以逐渐形成整个工件表面的运动,其速度通常较低,功率消耗也较小。本章将介绍主传动系统运动设计的基本原则及几种特殊变速方式,并以 CA6140 车床主运动及进给运动为例,对传动系统的运动设计进行阐述。

4.1 主传动系统运动设计

机床主传动系统一般安装在机床主轴箱内,用于使主运动的执行件(如主轴)变速、启动、停止和改变运动方向等。主传动系统的运动设计需根据主运动的运动参数(如转速)和动力参数(如电机功率、额定转矩等)进行设计。

4.1.1 机床主传动系统的变速形式及设计步骤

机床主传动的变速形式主要有:有级变速和无级变速。有级变速系统多数由滑移齿轮、离合器、交换齿轮等组成,可实现主运动执行件的速度变化。它传递的功率大,变速范围广,传动比准确,工作可靠;但生产率有损失,传动不够平稳。有级变速方式在通用机床中有广泛应用。

1) 无级变速的方式

无级变速可连续变速,易于实现自动化,常用的无级变速方式有以下几种:

(1) 机械无级变速器;

(2) 液压无级变速装置;

(3) 电气无级变速装置。

2）主传动系统运动设计的步骤

（1）确定运动设计的参数；

（2）拟定主传动系统的结构式，设计转速图；

（3）确定齿轮齿数及带轮直径，并验算主轴的转速误差；

（4）绘制主传动系统图。

4.1.2　运动设计的基本原则——级比规律

在对机床主传动系统进行运动设计和分析时，需要根据设计参数绘制拟定转速图。通过转速图，可以清楚地反映出电机输入轴到主轴之间各传动轴的数目、各轴上转速的分布及各传动副数目及其传动比等信息。图4-1所示为某机床主传动系统的转速图。

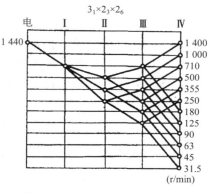

图 4-1　某机床主传动转速图

1）转速图

转速图是由一些互相平行和垂直的直线组成。其中，距离相等的一组竖线代表各传动轴，但各竖线间的距离不代表各轴间的实际中心距。各轴轴号0（电机轴）、Ⅰ、Ⅱ、Ⅲ等按从左到右的顺序依次标注在对应竖线的上面。

距离相等的一组水平线代表设计转速范围内的各级转速，由于主传动系统各级转速一般是按等比数列排列的，为绘图方便，各级转速取对数坐标，但图上不标对数符号 lg，而是直接写出转速值。由此各相邻水平线的距离相等，为 lg ϕ，表示上下相邻转速之比是等比数列的公比，用 ϕ 表示。工业中常用的标准公比为 1.06 的整数次幂，常用的有 1.06、1.26、1.41 和 1.58 等。本例中 $\phi = 1.41$，表示水平线每升高一格，转速增至原转速的 1.41 倍；每下降一格，转速降为原转速的 1/1.41 倍。

转速图中的小圆点表示该轴具有的转速，称为转速点，每相邻转速的比值为 ϕ。相邻传动轴格线间转速点的连线称为传动线，表示两轴间一对传动副的传动比 u。由左向右，传动线向上倾斜表示升速，水平表示等速，向下倾斜表示降速。设计时，应尽量使转速点落在行、列交点处，这样既方便设计，也有利于制造。

2）结构式及级比规律

为了便于分析和比较各种不同形式的传动设计方案，在设计转速图之前，通常要确定构造结构式，结构式的常见形式如式 $12 = 3_1 \times 2_3 \times 2_6$ 所示。式中，12 表示主轴的转速级数，乘数3、2、2 分别表示按传动顺序排列的各变速组的传动副数，即该变速传动由第一、第二、第三共三个变速组组成，其中第一变速组的传动副数为3，第二变速组的传动副数为2，第三变速组的传动副数也为2。结构式中的下标1、3、6分别表示各变速组的级比指数。

变速组的级比是指主动轴上一点传往被动轴相邻两传动线的比值，用 ϕ^{X_i} 表示。级比 ϕ^{X_i} 中的指数 X_i 的值称为级比指数，它就是上述相邻两传动线与被动轴交点之间相距的格数。

设计时要使主轴转速为连续的等比数列，必须有一个变速组的级比指数为1，将此变速组称为基本组。基本组的级比指数用 X_0 表示，即 $X_0 = 1$，如结构式 $12 = 3_1 \times 2_3 \times 2_6$ 中的第一变速组（3_1）即为基本组。后面的各变速组因起变速扩大作用，所以又统称为扩大组。第一扩大组（2_3），即第二变速组的级比指数 X_1 一般等于基本组的传动副数 P_0，即 $X_1 = P_0$，在上述结构式中基本组的传动副数 $P_0 = 3$，则第一扩大组的级比指数为 $X_1 = 3$。经第一扩大组扩大后，Ⅲ

轴可以得到 $3 \times 2 = 6$ 种转速。

第二扩大组(2_6),即第三变速组的作用是将转速进一步扩大,其级比指数 X_2 等于基本组的传动副数和第一扩大组的传动副数的乘积,即 $X_2 = P_0 \times P_1$. 根据上述结构式得,第二扩大组的级比指数 $X_2 = P_0 \times P_1 = 3 \times 2 = 6$,经第二扩大组扩大后,使 IV 轴得到 $3 \times 2 \times 2 = 12$ 种转速。如有更多的变速组,则依次类推。

综上所述,主传动系统设计时应遵守的基本规律被称为级比规律,可归纳如下:

基本组级比	$\phi^{X_0} = \phi$
第一扩大组级比	$\phi^{X_1} = \phi^{P_0}$;
第二扩大组级比	$\phi^{X_2} = \phi^{P_0 \times P_1}$
第三扩大组级比	$\phi^{X_3} = \phi^{P_0 \times P_1 \times P_2}$
……	……
第 j 扩大组级比	$\phi^{X_j} = \phi^{P_0 \times P_1 \times P_2 \times \cdots \times P_{j-1}}$

其中,各变速组的级比指数分别为:

基本组	$X_0 = 1$
第一扩大组	$X_1 = P_0$
第二扩大组	$X_2 = P_0 \times P_1$
第三扩大组	$X_3 = P_0 \times P_1 \times P_2$
……	……
第 j 扩大组	$X_j = P_0 \times P_1 \times P_2 \times \cdots \times P_{j-1}$

在设计传动系统时,传动顺序和扩大顺序可以一致,也可以不一致,要根据具体的设计要求来确定。由上述结构式得到的传动系统是传动顺序和扩大顺序相一致的情况,若改变基本组和扩大组的前后顺序,还有许多传动方案,其结构式可分别为:$12 = 3_2 \times 2_1 \times 2_6$,$12 = 2_3 \times 3_1 \times 2_6$ 等。

设计中,只要遵守"级比规律",就可使主轴获得连续而不重复的等比数列的转速。符合"级比规律"的单一公比传动系统称为"常规传动系统"或"基型传动系统"。

3) 变速组的变速范围

各变速组中最大与最小传动比的比值,称为该变速组的变速范围,即由式(4-1)表示:

$$r_j = \frac{u_{\max}}{u_{\min}} \tag{4-1}$$

经推导,它还可由式(4-2)计算,式中,ϕ 的指数即为该扩大组的级比指数与传动副数减一的乘积,由转速图上可查得,式(4-2)中 ϕ 的指数即为该变速组中由主动轴上一个转速点出发的最大传动比对应的传动线与最小传动比对应的传动线在该变速组被动轴上拉开的格数。

$$r_j = \phi^{X_j(P_j-1)} = \phi^{P_0 P_1 P_2 \cdots P_{j-1}(P_j-1)} \tag{4-2}$$

主轴的变速范围等于主传动系统中各变速组变速范围的乘积,由式(4-3)表示:

$$R_n = \frac{n_{\max}}{n_{\min}} = \frac{u_{0\max} u_{1\max} u_{2\max} \cdots u_{j\max}}{u_{0\min} u_{1\min} u_{2\min} \cdots u_{j\min}} = r_0 r_1 r_2 \cdots r_j \tag{4-3}$$

4.1.3 运动设计的一般原则

在主传动的运动设计中,多数要首先符合"级比规律",此外,在一般情况下还应遵循以下设计原则。

1) 各变速组的极限传动比和变速范围限制

在设计机床主传动系统时主要考虑两种情况:在降速传动中,为避免从动齿轮尺寸过大,降速不要过急,一般限制最小传动比 $u_{min} \geqslant 1/4$;在升速传动中,为了避免扩大传动误差,减少振动与噪声,升速不要太快,一般限制直齿圆柱齿轮的最大传动比 $u_{max} \leqslant 2$,斜齿圆柱齿轮的最大传动比 $u_{max} \leqslant 2.5$。

在进给传动系统中,由于传动功率小,转速低,尺寸较小,可适当放宽,即 $u_{min} \geqslant 1/5$,$u_{max} \leqslant 2.8$。

由此,可得到主传动系统和进给传动系统中,各变速组的变速范围分别如下:

主传动系统:$r = \dfrac{u_{max}}{u_{min}} \leqslant 8 \sim 10$

进给传动系统:$r = \dfrac{u_{max}}{u_{min}} \leqslant \dfrac{2.8}{1/5} = 14$

2) 变速组传动副"前多后少"原则

主传动系统从电机到主轴通常为降速传动,接近电机的传动件转速较高。若功率不变,转速越高,则转矩越小,传动件的尺寸就可以设计得小一些。反之,靠近主轴的传动件转速较低,传递的转矩较大,尺寸也较大。因此,应按传动顺序排列,使传动副较多的变速组尽量放在前面,传动副较少的变速组尽量放在后面,以便减小变速箱的外形尺寸,降低造价,即 $P_0 > P_1 > P_2 > \cdots > P_j$。如各变速组传动副设计顺序为:$18 = 3 \times 3 \times 2$,$12 = 3 \times 2 \times 2$ 等。

3) 变速组的传动线"前密后疏"原则

当变速组的传动顺序确定后,还可以有多种不同的扩大顺序,如图 4-2 所示。

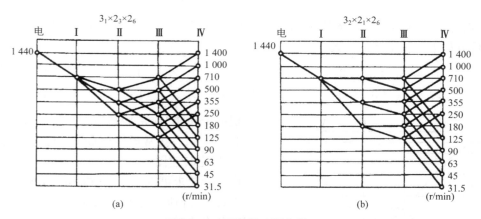

图 4-2 两种转速图方案

当变速组的扩大顺序与传动顺序一致,即基本组在前面,依次为第一扩大组,第二扩大组时,如图 4-2a 所示,各变速组的扩大范围逐渐扩大,中间传动轴的变速范围较小,转速较高,传递转矩较小,故传动件尺寸也小。相反,如扩大顺序与传动顺序不一致,如图 4-2b 所示,则中间传动轴的变速范围就比较大,转速较低,传递转矩较大,致使传动件尺寸增大。为此,各变速组的扩大顺序应尽可能与传动顺序保持一致。在转速图上就表现出前面变速组的传动线分布较密,而后面变速组的传动线分布较疏松,即传动线分布"前密后松"的原则,从级比指数的设计上就应保证:$X_0 < X_1 < X_2 < \cdots < X_j$。

4)变速组的降速"前慢后快"原则

为减小传动件尺寸,在降速时,设计使得前面变速组降得慢些,最后变速组降得快些,保证 $u_{1min} \geqslant u_{2min} \geqslant u_{3min} \geqslant \cdots \geqslant u_{jmin}$,即为所谓的"前慢后快"原则。该原则可以从整体上减少低速传动件的数目,缩小传动系统的整体尺寸。

综上所述,主传动系统运动设计要点可归纳为:①一个规律;②两个限制;③三条原则。

4.1.4 转速图的设计实例

本节将结合前面介绍的主传动系统设计要点,以铣床主传动系统为例,具体说明主传动系统的设计方法和步骤。该机床的设计参数为:主轴变速范围 30~1 500 r/min,18 级转速,公比 $\phi = 1.26$,电机转速为 1 440 r/min。

1)确定变速组和结构式

(1)各变速组传动副数目的选取。

为使结构设计简单和操纵方便,每个变速组的传动副数目"P"一般取 2 或 3。按上述设计要求的 18 级转速,可以设计各变速组的传动副数为:

$$18 = 9 \times 2 \qquad 18 = 6 \times 3 \qquad 18 = 3 \times 3 \times 2$$

实际中取第三种,前两种主要问题是"9"、"6"设计困难,使用制造不便;另外,前两种设计通常不能满足总变速范围限制的要求。

(2)结构式的选择。

在拟定结构式时,始终按照传动顺序自左向右设计各变速组的参数,根据设计要求,18 级转速在 3 个变速组中的分配排列可以有如下 3 种形式,即:

$$18 = 3 \times 3 \times 2 \qquad 18 = 3 \times 2 \times 3 \qquad 18 = 2 \times 3 \times 3$$

根据传动副"前多后少"的原则,取第一种形式:18=3×3×2,再考虑各变速组的扩大顺序,则可有如下 6 种不同的方案:

$$18 = 3_1 \times 3_3 \times 2_9 \qquad 18 = 3_1 \times 3_6 \times 2_3 \qquad 18 = 3_3 \times 3_1 \times 2_9$$
$$18 = 3_6 \times 3_1 \times 2_3 \qquad 18 = 3_2 \times 3_6 \times 2_1 \qquad 18 = 3_6 \times 3_2 \times 2_1$$

根据传动线"前密后疏"的原则,选取结构式为 $18 = 3_1 \times 3_3 \times 2_9$,按常规传动系统进行运动设计。

2)拟定转速图

由设计要求可以看出:从电机到主轴,总的趋势是降速,最大降速比为 1/48,根据降速"前慢后快"的原则以及降速时极限传动比 $u_{min} \geqslant 1/4$ 的限制,合理分配降速比,如图 4-3 所示。根据已确定的结构式,即可画出各变速组其他传动线,如图 4-4 所示。从各转速点出发,画各传动线的平行线,即可画出全部传动线,得到该主传动系统的转速图,如图 4-5 所示。在实际应用中,转速图是需要经过反复修改才能完成的。

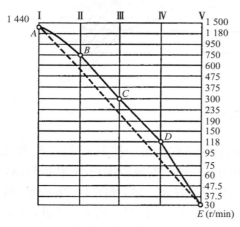

图 4-3 降速传动线

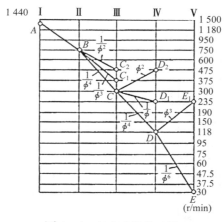

图 4-4 各变速组传动线

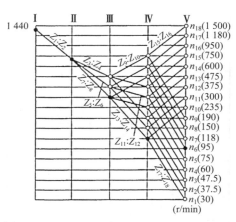

图 4-5 XA6132A 铣床主传动系统转速图

3) 齿轮齿数的确定

当各变速组的传动比确定后,就可据此确定齿轮齿数和带轮直径。对于定比传动的齿轮齿数和带轮直径,可由机械设计手册推荐的计算方法确定;对于变速组内齿轮齿数的确定应注意以下问题。

(1) 齿数和 S_Z 不应过大。

如果齿数和过大,会导致大齿轮结构增大,且造成齿轮线速度过大,增强噪声。一般相互啮合的两齿轮的齿数和:

$$S_Z \leqslant 100 \sim 120。$$

(2) 齿数和 S_Z 不应过小。

① 考虑根切问题,一般最小齿轮的齿数 $Z_{min} \geqslant 18 \sim 20$;

② 考虑齿轮具有足够的强度,防止变形和断裂,应保证齿轮结构的最小壁厚 $a \geqslant 2m$,其中 m 为齿轮模数,结构如图 4-6 所示。

综上,齿轮齿数的确定,可先从变速组内具有最小齿数的一对齿轮开始,按照下述步骤由计算法求得。

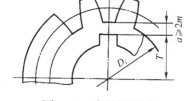

图 4-6 齿轮的壁厚

① 先确定最小齿数,尽量保证 $Z_{min} \geqslant 18 \sim 20$;

② 根据转速图中确定的各啮合齿轮的传动比 u_j,计算出与之啮合的另一齿轮齿数;

③ 求出此对啮合齿轮的齿数和 S_Z,确认 S_Z 是否合适,若不合适,重选 Z_{min};

④ 确定了 S_Z,则可根据传动比,计算出同一变速组内其他几对齿轮的齿数。

除了采用计算法确定齿轮齿数外,当齿轮副的传动比是标准公比的整数次方,且同一变速组内齿轮模数都相同时,还可采用查表法直接确定齿轮齿数。表 4-1 汇总了各种常用传动比的适用齿数。其中,横坐标是齿数和 S_Z,纵坐标是传动副的传动比 u,表中数值是一对传动副中被动齿轮的齿数;齿数和减去被动齿轮齿数就是主动齿轮齿数。表中所列的 u 值全大于 1,即全是升速传动,对于降速传动,可取其倒数查表,查出的则是主动齿轮齿数。由于变速组内所有齿轮的模数相同,并假定都是标准齿轮,则变速组内各传动副的齿数和应该相同。

主传动大多是降速传动,越后面的变速组传递的转矩越大,中心距也越大,为简化加工工艺,各变速组的齿轮模数最好一样。通常在一个传动系统中,齿轮模数的种类不超过 2、3 种。当齿轮模数较大时应增大齿数和,反之则减小齿数和。

表4-1　各种常用传动比的适用齿数

S_z ＼ u	40	41	42	43	44	45	46	47	48	49	50	51	52	53	54	55	56	57	58	59	60	61	62	63	64	65	66	67	68	69	70	71	72	73	74	75	76	77	78	79
1.00	20		21		22		23		24		25		26		27		28		29		30		31		32		33		34		35		36		37		38		39	
1.06		20		21		22		23	23	24	24	25	25	26	26	27	27	28	28	29	29	30	30	31	31	32	32	33	33	34	34	34	35	35	36	36	37	37	38	38
1.12			20	20	21	21	22	22		23		24		25		26	26	27	27	28	28	29	29	30	30	31	31	32	32	33	33	33	34	34	35	35	36	36	37	37
1.19	18	19	19		20		21		22		23	23	24	24	25	25		26		27	27	28	28	29	29	30	30	31	31	32	32	32	33	33	34	34	35	35	36	36
1.26		18		19		20		21	21	22	22		23		24	24	25	25	26	26		27		28	28	29	29	30	30	31	31	31	32	32	33	33	34	34	35	35
1.33	17		18		19	19	20	20		21		22	22	23	23		24		25	25	26	26	27	27		28	28	29	29	30	30	30	31	31	32	32	33	33	33	34
1.41		17		18	18		19		20	20	21	21		22		23	23	24	24		25	25	26	26	27	27	27	28	28	29	29	29	30	30	31	31	32	32	32	33
1.50	16		17	17		18		19	19		20		21	21	22	22		23	23	24	24		25	25	26	26	26	27	27	28	28	28	29	29	30	30	30	31	31	32
1.58		16	16		17		18	18		19		20	20		21	21	22	22		23	23	24	24	24	25	25		26	26	27	27		28	28	29	29	29	30	30	31
1.68	15			16		17	17		18	18	19	19		20	20		21	21	22	22	22	23	23		24	24	25	25	25	26	26	27	27	27	28	28	28	29	29	29
1.78		15	15		16	16		17	17		18		19	19		20	20		21	21		22	22	23	23	23	24	24		25	25	26	26	26	27	27	27	28	28	28
1.88	14			15	15		16	16		17		18	18		19	19		20	20		21	21		22	22		23	23	24	24	24	25	25	25	26	26	26	27	27	27
2.00			14			15			16		17	17		18	18		19	19	19	20	20	20	21	21	21	22	22	22	23	23	23	24	24	24	25	25	25	26	26	26
2.11	13	13		14	14		15	15		16	16		17	17		18	18	18		19	19		20	20		21	21		22	22		23	23		24	24	24	25	25	25
2.24			13		13	14	14		15	15		16	16		17	17	17		18	18		19	19		20	20	20	21	21	21	22	22	22	23	23	23		24	24	24
2.37				13	13			14	14		15	15		16	16	16		17	17		18	18		19	19	19		20	20		21	21	21	22	22	22	23	23	23	23
2.51						13	13			14	14		15	15			16	16		17	17		18	18	18		19	19	19	20	20	20		21	21	21	22	22	22	
2.66								13	13			14	14		15	15	15		16	16		17	17	17		18	18	18		19	19	19	20	20	20		21	21	21	22
2.82										13	13			14	14			15	15		16	16	16		17	17	17		18	18	18		19	19	19	20	20	20	20	21
2.99												13	13			14	14	14		15	15	15		16	16	16		17	17	17		18	18	18		19	19	19		20
3.16														13	13	13			14	14			15	15			16	16	16		17	17	17		18	18	18		19	19
3.35																	13	13			14	14	14		15	15	15			16	16	16		17	17	17		18	18	18
3.55																			13	13	13			14	14	14		15	15	15			16	16	16		17	17	17	17
3.76																						13	13	13	13	13	14	14	14	14	15	15	15	15	15	16	16	16	16	16

（续表）

u \ S_z	80	81	82	83	84	85	86	87	88	89	90	91	92	93	94	95	96	97	98	99	100	101	102	103	104	105	106	107	108	109	110	111	112	113	114	115	116	117	118	119	120
1.00	40		41		42		43		44		45		46		47		48		49		50		51		52		53		54		55		56		57		58		59		60
1.06	39	39	40	40	41	41	42	42	43	43	44	44	45	45		46		47		48		49		50	50	51	51	52	52	53	53	54	54	55	55	56	56	57	57	58	58
1.12	38	38		39		40		41		42	42	43	43	44	44	45	45	46	46	47	47	48	48		49		50	50	51	51	52	52	53	53	54	54	55	55	56	56	57
1.19		37	37	38	38	39	39	40	40		41		42	42	43	43	44	44	45	45	46	46		47	47	48	48	49	49	50	50	51	51	52	52		53	53	54	54	55
1.26	35	36	36	37	37		38	38	39	39	40	40	41	41		42	42	43	43	44	44	45	45		46	46	47	47	48	48	49	49		50	50	51	51	52	52	53	53
1.33	34	35	35		36	36	37	37	38	38		39	39	40	40	41	41	42	42	42	43	43	44	44	45	45	45	46	46	47	47	48	48	48	49	49	50	50	51	51	
1.41	33		34	34	35	35	36	36		37	37	38	38		39	39	40	40	41	41	41	42	42	43	43		44	44	45	45	46	46	46	47	47	48	48	49	49	49	50
1.50	32	32	33	33		34	34	35	35		36	36	37	37		38	38	39	39		40	40	41	41		42	42	43	43	44	44	44	45	45	46	46	46	47	47	48	48
1.58	31	31	32	32		33	33	34	34	34	35	35	36	36	36	37	37		38	38	39	39		40	40	41	41	41	42	42	43	43	43	44	44	45	45	45	46	46	
1.68	30	30		31	31	32	32	32	33	33		34	34	35	35	35	36	36		37	37	38	38	38	39	39		40	40	41	41	41	42	42		43	43	44	44	44	45
1.78	29	29	29	30	30		31	31		32	32	33	33	33	34	34		35	35		36	36	37	37	37	38	38	38	39	39		40	40	41	41	41	42	42	42	43	43
1.88	28	28	28	29	29	29	30	30		31	31		32	32		33	33	34	34	34	35	35	35	36	36	36	37	37	37	38	38		39	39	40	40	40	41	41	41	42
2.00		27	27		28	28		29	29		30	30		31	31		32	32	33	33	33	34	34	34	35	35	35	36	36	36	37	37	37	38	38	38	39	39	39	40	40
2.11		26	26		27	27		28	28		29	29		30	30		31	31		32	32	32	33	33	33	34	34	34	35	35	35	36	36	36	37	37	37	38	38	38	
2.24		25	25		26	26		27	27	27	28	28	28	29	29	29		30	30		31	31	31	32	32	32	33	33	33		34	34		35	35	35	36	36	36	37	37
2.37		24	24		25	25		26	26	26		27	27		28	28	28	29	29	29		30	30		31	31	31	32	32	32		33	33		34	34	34	35	35	35	
2.51	23	23	23		24	24	24	25	25	25		26	26	26	27	27	27		28	28	28	29	29	29		30	30	30	31	31	31		32	32	32	33	33	33		34	34
2.66	22	22	22		23	23	23	24	24	24		25	25	25		26	26	26	27	27	27		28	28	28		29	29	29	30	30	30		31	31	31	32	32	32		33
2.82	21	21	21		22	22	22	23	23	23		24	24	24		25	25	25		26	26	26		27	27	27	28	28	28		29	29	29		30	30	30		31	31	31
2.99	20	20		21	21	21		22	22	22		23	23	23		24	24	24		25	25	25		26	26	26		27	27	27		28	28	28		29	29	29		30	30
3.16	19	19		20	20	20		21	21	21		22	22	22		23	23	23		24	24	24		25	25	25	25		26	26	26		27	27	27		28	28	28		29
3.35	18		19	19	19			20	20	20		21	21	21		22	22	22			23	23	23		24	24	24		25	25	25			26	26	26		27	27	27	
3.55			18	18	18		19	19	19			20	20	20		21	21	21			22	22	22		23	23	23			24	24	24		25	25	25	25		26	26	26
3.76		17	17	17		18	18	18	18		19	19	19			20	20	20			21	21	21		22	22	22	22		23	23	23			24	24	24		25	25	25
3.98	16	16	16		17	17	17	17		18	18	18	18		19	19	19	19		20	20	20	20		21	21	21	21		22	22	22	22		23	23	23	23		24	24
4.22	15			16	16	16	16		17	17	17	17			18	18	18			19	19	19			20	20	20	20		21	21	21	21		22	22	22	22			23
4.47			15	15	15			16	16	16	16			17	17	17			18	18	18	18			19	19	19			20	20	20	20		21	21	21	21			22
4.73	14	14	14	14			15	15	15			16	16	16	16			17	17	17	17			18	18	18	18			19	19	19			20	20	20	20			21

注：齿轮传动比的相对误差不大于±1.5%。

采用三联滑移齿轮时,应检查滑移齿轮之间的齿数关系,要求其最大齿与次大齿的齿数差应大于或等于4,以保证在滑移时,齿轮外圆不会相碰。如小于4,则无法实现滑移变速。

当所有变速组的齿轮齿数确定后,还应验算实际传动比(齿轮齿数比)与理论传动比(转速图上给定的传动比)之间的转速误差是否在允许范围之内。一般应满足:主轴转速误差 $\leqslant \pm 10(\phi - 1) \times 100\%$

4) 齿轮的布置与排列

一般地,滑移齿轮的结构主要有两种,一种是将几个齿轮固定在一起的拼装式结构,一种是几个齿轮直接做成一体的整体式结构。整体式齿轮又可加工成窄式或宽式结构,分别如图4-7a、b所示。

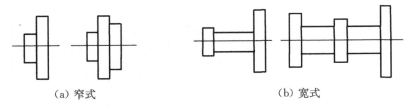

(a) 窄式　　　　　　　　　　(b) 宽式

图 4-7　滑移齿轮的结构

一般地,滑移齿轮的布局如图4-8及图4-9所示。为防止两对齿轮同时啮合,固定齿轮的位置必须根据滑移齿轮的尺寸及移动距离来确定,即应保证当一对齿轮完全脱离啮合以后,另一对齿轮才能进入啮合。同时,还应留出一定的余量,如图4-8中的 $\triangle$,设计时常在1~3 mm取值。固定齿轮的轴向位置如果离得较远,则浪费空间和材料;反之,则会发生干涉,使传动系统不能正常工作。

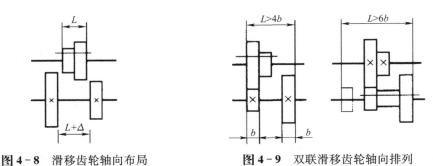

图 4-8　滑移齿轮轴向布局　　　　**图 4-9　双联滑移齿轮轴向排列**

4.2　主传动的几种特殊变速方式

除了按照"级比规律"设计常规传动系统之外,当实际工况较复杂时,可根据机床的运动要求,设计一些特殊变速方式的传动系统。

4.2.1　扩大变速范围的传动系统

1) 增加变速组

由式(4-3)可知,主轴的变速范围 R_n 等于各变速组的变速范围的乘积,因此增加变速组可以扩大主轴总的变速范围。但是,当增加变速组后,最后扩大组的变速范围就可能超出4.1.3中规定的变速组的变速范围8~10,因此,当增加变速组,而最后扩大组的变速范围 $r_j > 8$ 时,应根据变速组变速范围的式(4-2),采取减小 X_j 的方法,使 r_j 小于 8,而不影响增大 R_n 的效果。

在图 4-10 中,公比 $\phi = 1.41$,前 3 个变速组形成了结构式为 $12 = 3_1 \times 2_3 \times 2_6$ 的常规变速系统,它的最后一个变速组的级比指数是 6,变速范围已达到极限值 $1.41^6 = 8$,如此时根据实际工况,主轴的变速范围没有达到设计要求,需再增加一个变速组进一步扩大主轴的变速范围时,理论上其结构式应调整为:$24 = 3_1 \times 2_3 \times 2_6 \times 2_{12}$,但其最后扩大组($2_{12}$)的变速范围 $1.41^{12} = 61.7$ 已远远超过极限值 8,是无法实现的。因此就需要限制新增加的最后扩大组的变速范围,使其满足变速组变速范围极限值 8 的要求,这样最后一个扩大组只能是 2_6,而不能是 2_{12}。因此,结构式最终应确定为 $18 = 3_1 \times 2_3 \times 2_6 \times 2_{(12-6)}$,主轴转速级数为 $3 \times 2 \times 2 \times 2 - 6 = 18$ 级,如图 4-10 所示,最后一根轴上的中间部分有重复的 6 级转速。

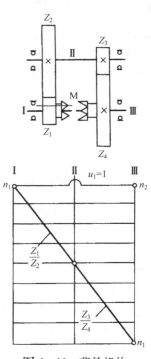

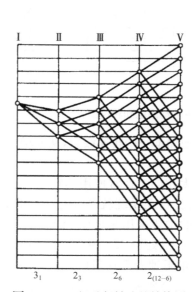

图 4-10　6 级重复转速的结构网　　　　　图 4-11　背轮机构

2) 采用背轮机构的传动系统

背轮机构又称单回曲机构,其结构如图 4-11 所示。主动轴 Ⅰ 和被动轴 Ⅲ 同轴线。当滑移齿轮 Z_1 处于最右位置时,离合器 M 接合,齿轮 Z_1 与 Z_2 脱离啮合,运动由主动轴 Ⅰ 直接传动被动轴 Ⅲ,传动比为 1。当滑移齿轮 Z_1 处于最左位置时,离合器 M 脱开,齿轮 Z_1 与 Z_2 啮合,运动经背轮 Z_1/Z_2 和 Z_3/Z_4 传动 Ⅲ 轴。若两对齿轮皆为降速,而且取极限降速比 $u_{min} = 1/4$,则背轮机构的最小传动比 $u_2 = 1/16$。因此,背轮机构的极限变速范围 $r_{max} = u_1/u_2 = 16$,达到了扩大变速范围的目的。

3) 采用分支传动

分支传动是指在串联形式变速系统的基础上,增加并联分支以扩大变速范围。如图 4-12 所示 CA6140 主传动系统中,$\phi = 1.26$,前两个变速组的结构式为 $6 = 2_1 \times 3_2$,从 Ⅲ 轴开始,采用了低速分支与高速分支并联传动,其中低速分支的传动路线为 Ⅲ—Ⅳ—Ⅴ—Ⅵ(主轴),与前两个变速组结合,得到的结构式为 $18 = 2_1 \times 3_2 \times 2_6 \times 2_{12-6}$,使主轴得到 $10 \sim 500$ r/min 的 18 级转速(重复了 6 级);而高速分支传动是由 Ⅲ 轴经齿轮 63/50 直接传动主轴 Ⅵ,使主轴获得 450～1 440 r/min 的 6 级高转速。因此主轴转速级数等于两个并联分支——低速和高速传动的转速级数之和，即 $Z = 18 + 6 = 24$ 级。该分支传动系统的结构式可写为：$24 = 2_1 \times 3_2 \times (1 + 2_6 \times 2_{12-6})$，式中"$\times$"表示串联，"$+$"表示并联。

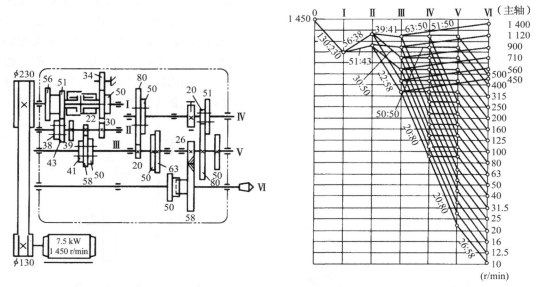

图 4 - 12 CA6140 卧式车床主传动系统和转速图

分支传动是与主要传动路线并联的，分支部分增加了一些转速级数，从而增大了 R_n。

4.2.2 采用混合公比的传动系统

在通用机床的使用中，每级转速使用的机会不太相同。经常使用的转速一般是在转速范围的中段，而转速范围的高、低段使用较少。混合公比传动系统就是针对这一情况而设计的。主轴的转速数列有两个公比，转速范围中经常使用的中段采用小公比，不经常使用的高、低段则采用大公比，其结构和转速图如图 4 - 13 所示。图中，处于 63～800（r/min）的中间转速段，转速使用较频繁，故取小公比 $\phi_1 = 1.26$；而在两端的低速及高速段内，由于实际使用较少，因此取大公比 $\phi_2 = 1.58 = 1.26^2$。这种由小公比 ϕ_1 和大公比 $\phi_2 = \phi_1^2$ 形成中间密、两端疏的双公比转速系列，且呈对称分布的变速系统，称为对称型混合公比传动系统。

图 4 - 13 所示的对称型混合公比变速传动系统，是在常规变速传动系统的基础上，通过改变基本组的级比指数 X_0 演变来的。通常它的基本组的传动副数为 $P_0 = 2$，而级比指数则由 $X_0 = 1$ 变为 $1 + X_0'$，而 X_0' 即为转速图上主轴高端和低端按大公比 ϕ_2 的总格数，即主轴在两端空掉的转速级数，图 4 - 13 中，$X_0' = 4$。此外，X_0' 还可以由对称型混合公比传动系统的主轴变速范围推导计算得到。由公式（4 - 3）可推出该系统的主轴变速范围计算公式（4 - 4）：

$$R_n = \phi_1^{(Z-1)+X_0'} \tag{4-4}$$

整理后，可推导得到 X_0' 的计算公式（4 - 5），式中，Z 为主轴变速级数：

$$X_0' = \frac{\lg R_n}{\lg \phi_1} - Z + 1 \tag{4-5}$$

通常，X_0' 要在 2～$Z - 2$ 的范围内取偶数值，以使高低转速段在转速图上产生的空格相等，形成对称型的转速排列。

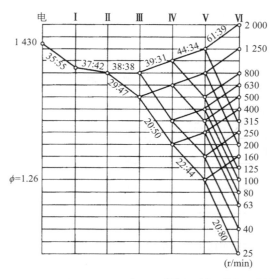
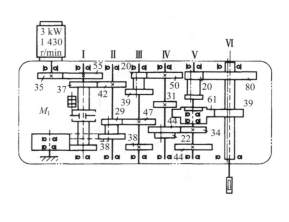

图 4 - 13　Z3040 摇臂钻床主传动系统和转速图

当基本组的级比指数改成 $1 + X_0'$ 后,还应验算该变速组的变速范围是否在规定的极限值为 $8 \sim 10$,即应满足式(4 - 6):

$$\phi_1^{(1+X_0')(P_0-1)} \leqslant 8 \tag{4 - 6}$$

最后,还需根据"前密后疏"原则以及实际设备的结构、功能要求,对基本组与其他扩大组的顺序进行调整,以完成混合公比传动系统结构式的确定。图 4 - 13 所示对称型混合公比传动系统的结构式为: $16 = 2_2 \times 2_5 \times 2_4 \times 2_8$。

4.2.3　交换齿轮传动系统

对于成批量生产用的机床,加工中一般不需要变速或仅在小范围内变速;但换一批工件加工,有可能需要变换原有转速。为简化结构,常采用交换齿轮的变速方式,或将交换齿轮与其他变速方式(如滑移齿轮,多速电机)组合使用。

在交换齿轮传动系统中,为了减少齿轮的数量,相啮合的两齿轮可互换位置安装,即互为主、被动齿轮,一般交换齿轮的传动比不取为 1,反映在转速图上,交换齿轮变速组的传动线是设计成对称分布的,如图 4 - 14 及图 4 - 15 所示。交换齿轮变速可以用少量齿轮得到多级转

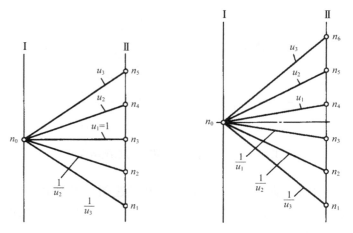

图 4 - 14　交换齿轮变速组的转速图传动线

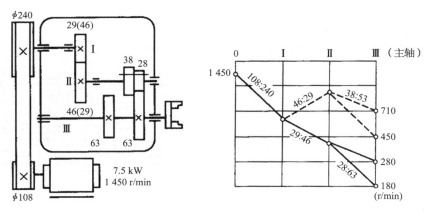

图 4 - 15　CA7620 型液压多刀半自动车床主传动系统

速,不需要操纵机构,使变速箱结构大大简化。缺点是更换交换齿轮较费时费力;如果装在变速箱外,润滑密封较困难,装在变速箱内则更换麻烦。

4.2.4　多速电动机传动系统

采用多速电动机和其他方式联合使用,可以简化机床的机械结构,使用方便,并可以在运动中变速,适用于半自动、自动机床及普通机床。机床上常用双速或三速电动机,其同步转速为 750/1 500 r/min、1 500/3 000 r/min、750/1 500/3 000 r/min,级比为 2;也有采用同步转速为 1 000/1 500 r/min、750/1 000/1 500 r/min 的双速或三速电动机,级比为 1.33～1.5。而后者由于不能得到标准公比的转速等比数列,所以一般不被用在多速电动机传动系统。

多速电动机变速也被称作电变速组,通常都是放在变速传动系统的最前面。当电动机的级比为 2,且变速传动系统的公比 $\phi = 1.26$ 时,由于 $2 = 1.26^3$,因此该多速电机变速组可作第一扩大组,而基本组的传动副数应为 3,如图 4 - 16a 所示;而当公比 $\phi = 1.41$ 时,由于 $2 = 1.41^2$,因此多速电机变速组作为第一扩大组,此时基本组传动副数应为 2,如图 4 - 16b 所示。由上述可推知,当传动系统的公比不是 2 的整数次方根时,不适合采用多速电机变速系统。

当 $\phi_E = 2$ 时传动系统的公比只能是 $\phi = 1.06$、1.12、1.26、1.41、2。因为这些公比的整数次方等于 2,可以保证转速数列为等比数列。

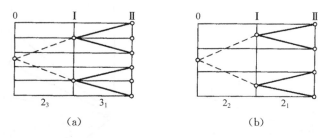

图 4 - 16　双速电机变速传动系统结构网

图 4 - 17 是采用双速电动机的主传动系统图和转速图。图中电动机的变速范围为 2,主轴转速级数为 8 级,公比 $\phi = 1.41$,其结构式为 $8 = 2_2 \times 2_1 \times 2_4$,电变速组在 0 轴到 I 轴间作为第一扩大组,传动副数为 2。

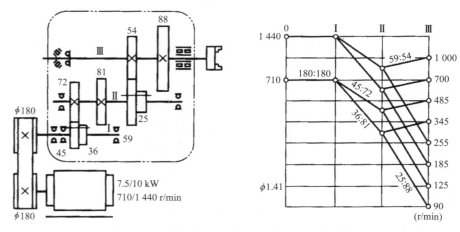

图 4 - 17　CA7620 多刀半自动车床主传动系统

4.2.5　采用公用齿轮的传动系统

在变速系统中,既是前一变速组的被动齿轮,又是后一变速组的主动齿轮,这样的齿轮被称为公用齿轮。采用公用齿轮可以减少齿轮的数目,简化结构,缩短轴向尺寸。按公用齿轮的数目,可分为单公用齿轮和双公用齿轮传动系统。

采用公用齿轮时,两个变速组的齿轮模数必须相同。因为公用齿轮轮齿受的弯曲应力属于对称循环,受力比较复杂,弯曲疲劳许用应力比非公用齿轮要低,磨损较为严重,寿命短,因此应尽可能选择变速组内较大的齿轮作为公用齿轮,如图 4 - 18 中的公用齿轮 Z_g。

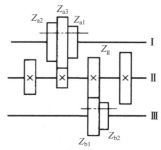

图 4 - 18　六级单公用齿轮传动系统

4.3　计算转速的确定

设计机床时,应根据不同机床的性能要求,合理确定机床的最大工作能力,即主轴所能传递的最大功率或最大转矩,这些参数将是设计计算机床传动件,如主轴、传动轴、齿轮和离合器等尺寸的主要依据。转矩越大,传动件尺寸越大,传动件传递的转矩大小与其传递的功率和转速有关。

对于专用机床,其加工范围很窄,各传动件所传递的功率和转速是基本不变的,因此其传递的转矩也是一定的。对于通用机床,其加工范围宽、功率大,传动件传递的功率和转速是经常变化的。因此,这类机床传动件传递的转矩大小,必须根据机床的实际使用情况确定。通过调查分析发现,低转速段所用功率并不大,一般这类机床只是从某一转速开始,才有可能使用电动机的全部功率。如果按最低转速时传递全功率来进行设计计算,将会不必要的增大传动件的尺寸。

综上所述,传动件在传递全部功率时的最低转速,能够传递最大转矩。因此,将传递全部功率时的最低转速,称为该传动件的"计算转速",用"n_c"表示,这样就可以根据传动件的计算转速确定额定转矩,并以此计算和选择传动件的结构尺寸。对于旋转运动的传动件,传递转矩 T 的计算公式如式(4 - 7)所示:

$$T = 9\,550\,\frac{P}{n_c}(\text{N} \cdot \text{m}) \tag{4-7}$$

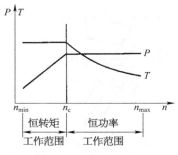

图 4 - 19 主传动功率和转矩特性

式中，n_c 为传动件的计算转速（r/min）；P 为传动件所传递的功率（kW）。

1）主轴计算转速的确定

主轴计算转速 n_c 是主轴传递全部功率时的最低转速，从该转速起到主轴的最高转速间所有的转速都能够传递全部功率，而转矩则随转速增加而减小，此为恒功率工作范围；低于主轴计算转速的各级转速所能传递的转矩与计算转速时的转矩相等，此为恒转矩工作范围。图 4 - 19 所示为通用机床主传动的功率和转矩特性曲线。

不同类型机床主轴计算转速的选取是不同的。对于专用机床，主轴计算转速根据特定的工艺要求来确定。对于通用机床及专门化机床，则根据调查分析和试验，得出各类机床主轴的计算转速。表 4 - 2 列出了各类机床主轴计算转速的经验公式。

表 4 - 2 各类机床的主轴计算转速

机 床 类 型		计 算 转 速 n_c	
		等公比传动	混合公比或无级调速
中型通用机床和用途较广的半自动机床	车床，升降台铣床，六角车床，液压仿形半自动车床，多刀半自动车床，单轴自动车床，多轴自动车床，立式多轴半自动车床 卧式镗铣床（$\phi 63 \sim \phi 90$）	$n_c = n_{\min}\phi^{\frac{Z}{3}-1}$ n_c 为主轴第一个（低的）三分之一转速范围内的最高一级转速	$n_c = n_{\min}\left(\dfrac{n_{\max}}{n_{\min}}\right)^{0.3}$
	立式钻床，摇臂钻床，滚齿机	$n_c = n_{\min}\phi^{\frac{Z}{4}-1}$ n_c 为主轴第一个（低的）四分之一转速范围内的最高一级转速	$n_c = n_{\min}\left(\dfrac{n_{\max}}{n_{\min}}\right)^{0.25}$
大型机床	卧式车床（$\phi 1\,250 \sim \phi 4\,000$） 单柱立式车床（$\phi 1\,400 \sim \phi 3\,200$） 单柱可移动式立式车床（$\phi 1\,400 \sim \phi 1\,600$） 双柱立式车床（$\phi 3\,000 \sim \phi 12\,000$） 卧式镗铣床（$\phi 110 \sim \phi 160$） 落地式镗铣床（$\phi 125 \sim \phi 160$）	$n_c = n_{\min}\phi^{\frac{Z}{3}}$ n_c 为主轴第二个三分之一转速范围内的最低一级转速	$n_c = n_{\min}\left(\dfrac{n_{\max}}{n_{\min}}\right)^{0.35}$
高精度和精密机床	落地式镗铣床（$\phi 160 \sim \phi 260$） 主轴箱可移动的落地式镗铣床（$\phi 125 \sim \phi 300$）	$n_c = n_{\min}\phi^{\frac{Z}{2.5}}$	$n_c = n_{\min}\left(\dfrac{n_{\max}}{n_{\min}}\right)^{0.4}$
	坐标镗床 高精度车床	$n_c = n_{\min}\phi^{\frac{Z}{4}-1}$ n_c 为主轴第一个（低的）四分之一转速范围内的最高一级转速	$n_c = n_{\min}\left(\dfrac{n_{\max}}{n_{\min}}\right)^{0.25}$

2）其他传动件计算转速的确定

某一传动件的计算转速是：经过该传动件传递到主轴，能够实现主轴全功率运转的该传动件的最低转速。当主轴的计算转速确定后，即可从转速图上确定其他传动件的计算转速。确定的顺序通常是先定出主轴计算转速，再顺次由后向前，定出各传动轴的计算转速，然后再确定齿轮的计算转速。在图 4-20 所示 XA6132A 铣床主传动系统转速图中，若已知主轴的计算转速 $n_c = 95$ r/min，则可据此确定出其他各轴的计算转速，如表 4-3 所示。

确定了各轴的计算转速后，再按照从后向前的顺序，依次确定各轴上齿轮的计算转速，如表 4-4 所示。

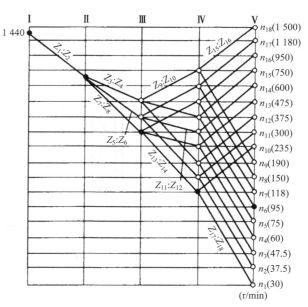

图 4-20　XA6132A 主传动转速图

表 4-3　各轴的计算转速表　　　　　　　　　　（r/min）

轴　号	I	II	III	IV	V
计算转速 n_c	1 440	700	300	118	95

表 4-4　齿轮的计算转速表　　　　　　　　　　（r/min）

齿轮序号	Z_1	Z_2	Z_3	Z_4	Z_5	Z_6	Z_7	Z_8	Z_9
计算转速 n_c	1 440	700	700	475	700	375	700	300	300
齿轮序号	Z_{10}	Z_{11}	Z_{12}	Z_{13}	Z_{14}	Z_{15}	Z_{16}	Z_{17}	Z_{18}
计算转速 n_c	475	300	235	300	118	118	235	375	95

4.4　CA6140 卧式车床传动系统运动分析

车床主要用车刀进行切削加工，除数控车床外，主要有卧式车床、立式车床、转塔车床、仿形车床、多刀车床、多轴半自动车床、单轴自动车床和多轴自动车床、各种专门化车床和专用车床等。车床的运动有主运动和进给运动，车床的主运动一般是工件的回转运动，进给运动是刀具沿纵向、横向的运动。

CA6140 卧式车床是通用的中型车床，其加工工艺范围很广，它可以车削内、外圆柱面、圆锥面、成形回转面、环形槽、端面和各种螺纹，还可以进行钻孔、扩孔、攻丝、套扣和滚花等工作，由于其工作过程的多样性，其传动系统较复杂。图 4-21 是 CA6140 卧式车床的传动系统图，它包括主传动和刀架传动两部分。

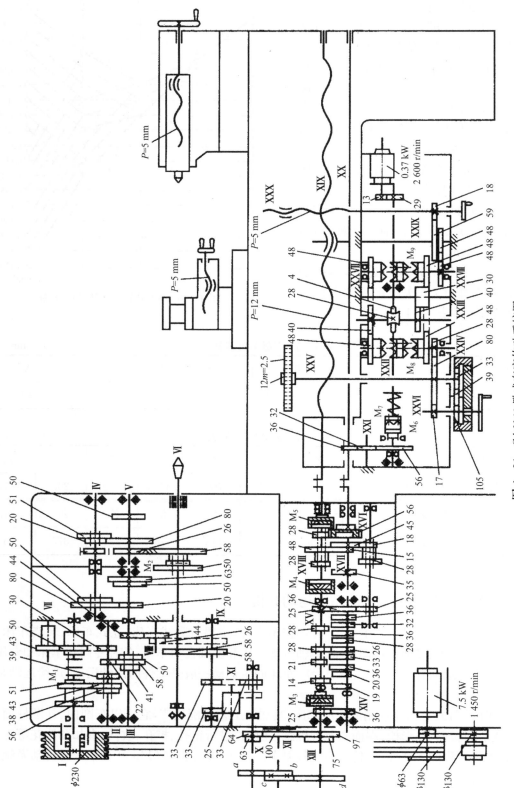

图 4 – 21 CA6140 卧式车床传动系统图

4.4.1　主传动

主传动从主电动机开始到主轴为止。其中经过带轮，多片摩擦离合器 M_1，一组双联滑移齿轮和一组三联滑移齿轮传到Ⅲ轴，这时运动出现分支，运动可以利用 M_2 直接经齿轮副 63/50 使主轴获得高转速运动，也可以经过Ⅵ轴的两组双联滑移齿轮传到主轴，使主轴获得低转速运动。

CA6140 卧式车床主运动的传动路线可由如下的传动路线表示：

$$
\begin{array}{l}
\text{电动机}\\
1\,450\!-\!\phi130/\phi230\!-\!\text{Ⅰ}
\left\{
\begin{array}{l}
\text{正转}\\
M_1\,\text{左位}
\left\{
\begin{array}{l}
56/38\\
51/43
\end{array}
\right\}\\
\text{反转}\\
M_1\,\text{右位}\!-\!50/43\!-\!\text{Ⅶ}\,43/30
\end{array}
\right\}
\!-\!\text{Ⅱ}
\left\{
\begin{array}{l}
39/41\\
22/58\\
30/50
\end{array}
\right\}\!-\!\text{Ⅲ}\!-\\[2ex]
\text{r/min}
\end{array}
$$

$$
\!-\!
\left\{
\begin{array}{l}
\left\{
\begin{array}{l}
20/80\\
50/50
\end{array}
\right\}\!-\!\text{Ⅳ}\!-\!
\left\{
\begin{array}{l}
20/80\\
51/50
\end{array}
\right\}\!-\!\text{Ⅴ}\,26/58M_2\\
63/50\hspace{12em}
\end{array}
\right\}\!-\!\text{Ⅵ　主轴}
$$

根据传动系统图或传动路线表达式，可以计算出转速级数和各级转速的数值，即 CA6140 卧式车床主轴正转的理论转速级数为：

$$Z_{理论} = 2\times3\times2\times2 + 2\times3 = 30(种)$$

反转的理论转速级数为：

$$Z_{理论} = 3\times2\times2 + 3 = 15(种)$$

但因轴Ⅲ到轴Ⅴ之间的 4 条传动路线的传动比分别是：

$$u_1 = 20/80\times20/80 = 1/16 \qquad u_2 = 20/80\times51/50 = 1/4$$

$$u_3 = 50/50\times20/80 = 1/4 \qquad u_4 = 50/50\times51/50 = 1$$

其中，$u_2 = u_3$，所以实际只有 3 种传动比，因此主轴正转的实际转速级数为：

$$Z_{实际} = 2\times3\times(2\times2-1) + 2\times3 = 24(种)$$

主轴反转的实际转速级数为：

$$Z_{实际} = 3\times(2\times2-1) + 3 = 12(种)$$

每种转速均可由如下的传动平衡式来计算：

$$n_{主} = n_{电}\times u_{定}\times u_{Ⅰ\text{-}Ⅱ}\times u_{Ⅱ\text{-}Ⅲ}\cdots$$

图 4-21 中齿轮啮合状态下，主轴的转速可按下式计算：

$$n_{主} = 1\,450\times130/230\times0.98\times51/43\times22/58\times20/80\times20/80\times26/58 = 10(r/min)$$

4.4.2　刀架的传动

1) 刀架传动系统的组成

刀架主要完成纵向和横向进给运功。CA6140 是主轴和刀架共用一台电机驱动，所以运动和动力传到主轴后，继续往下传到刀架。主轴和刀架之间是通过齿轮传动来传递的，因此在分析刀架传动时，应把主轴作为刀架传动的起始端。CA6140 车床刀架传动系统的组成如图

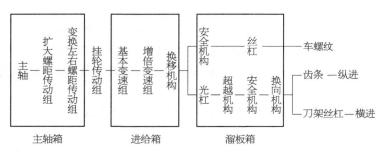

图4-22 CA6140车床刀架传动系统

4-22所示。下面针对各组成模块进行介绍。

（1）扩大螺距传动组。当 Z_{58} 在左位时传动比为1,在右位时传动比为4或16,是 Z_{58} 在左位时传动比的4倍或16倍,即刀架的位移量扩大了4倍或16倍,因此这部分传动系统被称为扩大螺距传动组,用来增加刀具进给量或扩大加工螺纹的螺距。由于扩大螺距的传动路线是主轴传动路线的一部分,所以主轴转速确定后,其扩大倍数也就确定了。

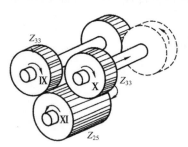

图4-23 左右螺纹换向机构

（2）变换左右螺纹传动组。为了车削左旋螺纹和右旋螺纹,在轴Ⅸ到轴Ⅹ之间有换向机构。轴Ⅸ、Ⅺ、Ⅹ三根轴的空间位置如图4-23。当轴Ⅹ上的 Z_{33} 在右位时,运动从轴Ⅸ直接传到轴Ⅹ,用来加工右旋螺纹;当 Z_{33} 在左位时,运动从轴Ⅸ经轴Ⅺ传到轴Ⅹ,传动比不变,只改变了轴Ⅹ的旋转方向,用来加工左旋螺纹。

（3）挂轮传动组。CA6140机床的挂轮装在轴Ⅺ、Ⅻ和ⅩⅢ上,能配换两种传动比,用以加工不同种类的螺纹,其传动路线分别为:

$$Ⅺ—63/100—Ⅻ—100/75—ⅩⅢ$$
$$Ⅺ—64/100—Ⅻ—100/97—ⅩⅢ$$

（4）基本变速组。轴ⅩⅣ和ⅩⅤ之间组成了基本变速组,共有8种传动比,可用统一符号 $u_{基}$ 表示,分别如下所示。这些传动比的分子成等差级数排列,使刀架的移动量也能以等差级数的规律变化:

$$u_{b1} = 26/28 = 6.5/7 \qquad u_{b2} = 28/28 = 7/7$$
$$u_{b3} = 32/28 = 8/7 \qquad u_{b4} = 36/28 = 9/7$$
$$u_{b5} = 19/14 = 9.5/7 \qquad u_{b6} = 20/14 = 10/7$$
$$u_{b7} = 33/21 = 11/7 \qquad u_{b8} = 36/21 = 12/7$$

（5）增倍变速组。轴ⅩⅥ到轴ⅩⅧ之间可变换4种传动比,其传动路线如下,共有1/8、1/4、1/2和1共4种传动比,用 $u_{倍}$ 表示。这4种传动比成倍数关系排列,称增倍变速组,使基本组的传动比成互为倍数的分段等差级数,以适应车削各种螺纹导程的需要。

$$ⅩⅥ—\binom{18/45}{28/35}—ⅩⅦ—\binom{15/48}{35/28}—ⅩⅧ$$

2）车螺纹时刀架的传动

CA6140 车床可以车削标准螺距的螺纹、非标准螺距的螺纹和螺距较精确的螺纹。根据螺纹螺距的计量方法，可将螺纹分为米制（公制）螺纹、英制螺纹、模数螺纹和径节螺纹 4 种。车削各种螺纹时，主轴至刀架的传动链称为螺距传动链，属内联系传动链。主轴运动和刀架运动组成复合运动，两者之间必须保持严格的传动比，即主轴每转一转刀具移动一个被加工螺纹的导程。通过调节齿轮传动的传动比，可以加工出不同参数的螺纹。车螺纹时运动从进给箱传出后经丝杠（M_5 右位）到溜板箱，传动路线可表示为：

$$主轴 \rightarrow 换向 \rightarrow 挂轮 \rightarrow 进给箱 \rightarrow M_5（右）丝杠螺母副（P = 12\ mm）\rightarrow 刀架$$

其传动平衡式为：

$$T = K \times P = 1 \times u \times T_0$$

式中　u——从主轴到刀架丝杠之间全部传动副的总传动比；

　　　　T_0——机床丝杠的导程，本机床 $T_0 = 12\ mm$；

　　　　K——被加工螺纹的头数；

　　　　P——被加工螺纹的螺距（mm）；

　　　　T——被加工螺纹的导程（mm）。

由上式可见，工件的导程或螺距不同，则传动系统的 u 值也需相应地改变，表 4 - 5 是车削 4 种螺纹时传动路线的主要特征，表中 u_z 是挂轮的传动比。

表 4 - 5　4 种螺纹的传动特征

传动特征 螺纹种类	螺距表示方法	U_z		M_3	M_4	M_5	轴 XVI 上 Z_{25} 位置
米制螺纹	mm	63/100	100/75	开	开	合	右位
模数螺纹	mm（模数）	64/100	100/97	开	开	合	右位
英制螺纹	扣/英寸	63/100	100/75	合	开	合	左位
径节螺纹	牙/英寸（DP）	64/100	100/97	合	开	合	左位

（1）车削米制螺纹。根据表 4 - 5 可写出车削米制（公制）螺纹时的刀架传动平衡式：

$$T = 1 \times 58/58 \times 33/33 \times 63/100 \times 100/75 \times 25/36 \times$$
$$u_b \times 25/36 \times 36/25 \times u_d \times 12（mm）$$

经过整理化简后，可得

$$T = 7u_基 \times u_倍（mm）$$

式中　$u_基$——基本变速组的传动比，共 8 种；

　　　　$u_倍$——增倍变速组的传动比，共 4 种。

由此可知，该车床理论上可车削 32 种导程的米制螺纹，但去掉导程重复的和非标准导程的，实际只能加工出 1～12 mm 范围内的 20 种导程，再考虑扩大螺距传动组能扩大 4 和 16 倍，就能加工出表 4 - 6 中的全部标准螺距的螺纹。

表 4 - 6　标准螺距数列　　　　　　　　　　　　　（mm）

组别	螺距值						差值
1	1	1.25	1.5	1.75	2	2.25	0.25
2	2.5	3	3.5	4	4.5	5　5.5	0.5
3	6	7	8	9	10	11　12	1
4	14	16	18	20	22	24	2
5	28	32	36	40	44	48	4
6	56	64	72	80	88	96	8
7	112	128	144	160	176	192	16

（2）车削模数螺纹。模数螺纹即米制（公制）蜗杆，它的螺距由模数 m 计算，表达式为：$P_m = \pi \times m$，m 的标准值也是分段等差数列。CA6140 车床能加工 $m = 0.5 \sim 48$ 的常用模数螺纹。因模数螺纹导程 $T_m = K \times \pi \times m$(mm)，所以传动平衡式为：

$$1 \times u \times T_0 = K \times \pi \times m$$

为了便于上式平衡，要求等号左边的 u 值中也能包含因子 π，所以在加工模数螺纹的传动路线中挂轮使用了 $64/100 \times 100/97$，以凑成 π 的因子，即 $64/100 \times 100/97 \times 25/36 \approx 7\pi/48$。按表 4 - 5 列出车削模数螺纹的传动平衡式：

$$1 \times 58/58 \times 33/33 \times 64/100 \times 100/97 \times 25/36 \times u_b \times 25/36 \times 36/25 \times u_d \times 12$$
$$= K \times \pi \times m \text{(mm)}$$

化简后可得：

$$u_b \times u_d \times (7\pi/4) = K \times \pi \times m \text{(mm)}$$

即：
$$m = 7u_b \times u_d/4K$$

（3）车削英制螺纹。英制螺纹以每英寸长度上的螺纹扣（牙）数 a（扣/英寸）表示。标准的 a 值也是分段等差数列。在 CA6140 车床上能加工（2～24）扣/英寸的常用英制螺纹。英制螺纹的螺距 P_a 与 a 之间的关系为：$P_a = 1/a$（英寸）$= 25.4/a$(mm)。由于 a 是分段等差数列，所以要求主轴至刀架传动比的倒数也应是分段等差数列，并在传动比中还应包含因子 25.4。因此车削英制螺纹和车削公制（米制）螺纹的传动路线不同（见表 4 - 5）。其传动平衡式为：

$$1 \times 58/58 \times 33/33 \times 63/100 \times 100/75 \times 1/u_b \times 36/25 \times u_d \times 12 = KP_a = K \times 25.4/a$$

化简后可得：

$$(4/7) \times 25.4 \times (1/u_b) \times u_d = K \times 25.4/a$$

即：
$$a = 7K \times u_b/4u_d$$

为获得上述平衡式，在传动系统中设置换移机构，它由轴 XII 与轴 XI 之间的齿轮副 25/36，

齿式离合器 M_3 及轴 XVI 上的滑移齿轮 Z_{25} 组成,其作用是变换传动路线和凑成 25.4 的因子。其中:

$$\frac{63}{100} \times \frac{100}{75} \times \frac{36}{25} \approx \frac{25.4}{21}$$

(4) 车削径节螺纹。径节螺纹即英制蜗杆,径节螺纹以每一英寸分度圆直径上的牙数 DP(牙/英寸)来表示。标准径节值也是分段等差数列,CA6140 车床能车削 DP 在(1~90)牙/英寸的径节螺纹。径节螺纹的螺距 P_{DP} 为与 DP 之间的关系为:

$$P_{DP} = \pi/DP(\text{英寸}) = 25.4\pi/DP(\text{mm})$$

与英制螺纹相似,径节螺纹的 DP 是分段等差数列,传动比中也包含 25.4 的因子。不同的是螺距中还包含有 π 的因子。因此挂轮和模数螺纹相同,其他传动路线和车削英制螺纹相同。其中:

$$\frac{64}{100} \times \frac{100}{97} \times \frac{36}{25} \approx \frac{25.4\pi}{84}$$

(5) 车削非标准螺距螺纹。车削非标准螺距螺纹时,将齿式离合器 M_3、M_4、M_5 全部接合,使进给箱中的轴 XIII、XV、XVIII 与丝杠连成一体,它的传动路线可表示为:

主轴 → 换向机构 → 挂轮机构 → XIII(M_3 右) → XV(M_4 左) → XVIII(M_5 右) → XIX

此时被加工螺纹的导程完全依靠挂轮传动比 u_x 来实现。其传动平衡式为:$1 \times 58/58 \times 33/33 \times u_x \times 12 = T$,根据被加工导程 T 的不同,求得 u_x 中 4 个挂轮的齿数 a、b、c、d。另外,这条传动链的传动路线短,累积误差少,当 a、b、c、d 4 个齿轮的精度较高时,可以加工出较高精度螺距的螺纹。

3) 车圆柱面及端面时刀架的传动

当车削内外圆柱面及端面时,刀架要分别做纵向或横向进给。为了减少丝杠的磨损、保证螺纹加工精度,纵向和横向进给运动从进给箱传出后经光杠(M_5 左位)到溜板箱。其传动路线表达式如下:

CA6140 车床纵向进给量和横向进给量各有 64 种。这些值可由正常螺距或扩大螺距传动的米制(公制)螺纹或英制螺纹传动路线得到。

综上,CA6140 车床刀架上述传动系统可统一归纳为如下传动路线表达式:

$$\text{主轴} - \frac{58}{58} - \text{IX} \begin{cases} \frac{33}{33} \\ \frac{33}{25} \times \frac{25}{33} \end{cases} - \text{X} \begin{cases} \frac{63}{100} \times \frac{100}{75} \\ \frac{64}{100} \times \frac{100}{97} \end{cases} - \text{XIII} \begin{cases} \overrightarrow{M_3} \frac{25}{36} - \text{XIV} - u_{\text{基}} - \text{XV} - \frac{25}{36} \times \frac{36}{25} \\ \overrightarrow{M_3} - \text{XV} - u'_{\text{基}} - \text{XIV} - \frac{36}{25} \end{cases}$$

上部分支：

$$\rightarrow \frac{58}{26} - \text{V} - \frac{80}{20} - \text{IV} \begin{cases} \frac{80}{20} \\ \frac{50}{50} \end{cases} \text{III} - \frac{44}{44} \times \frac{26}{58} \quad (\text{扩大螺距机构})$$

（换向机构）　（挂轮机构）　　　　　　　　（移换机构）

$$- \text{XVI} - u_{\text{倍}} - \text{XVIII} \begin{cases} \overrightarrow{M_5} - \text{XIX} \quad \{\text{丝杠螺母}\} \quad (P=12\,\text{mm}) \quad (\text{车螺纹}) \\ \overleftarrow{M_5} - \frac{28}{56} - \text{XX} \quad (\text{光杠}) \cdots\cdots \begin{cases} \text{齿轮齿条（纵向）} \\ \text{丝杠螺母（横向）} \\ (P=5\,\text{mm}) \end{cases} \end{cases}$$

4）刀架的快速移动

刀架的快速移动是为了减轻工人的劳动强度及缩短辅助时间。当刀架需快速移动时，按下快速移动按钮，使快速电动机（0.37 kW，2 600 r/min）接通，这时快速电动机的运动经齿轮副 13/29 传动，使轴 XXII 高速转动，于是运动便经过蜗轮副 4/28 传给溜板箱内的传动机构，使刀架实现纵向或横向的快速移动。

为了节省辅助时间及简化操作，在刀架快速移动过程中光杠仍可继续转动，不必脱开进给运动传动链。这时，为了避免光杠和快速电动机同时传动轴 XXII，导致轴 XXII 损坏，在齿轮 Z_{56} 与轴 XXII 之间装有单向超越式离合器 M_6。刀架快速移动的方向仍由溜板箱中的双向离合器 M_8 和 M_9 控制。

思考与练习

1. 分析 CA6140 车床传动系统。

（1）证明 $f_2 = 0.5f_1$（f_1 为纵向进给，f_2 为横向进给）。

（2）算出图 4-21 主轴的转速级数（理论，实际），正转最高转速，反转最低转速。

（3）分析主轴转速中，哪些转速可以实现扩大螺距传动，各扩大多少倍？

（4）主传动与刀架传动中共有几个换向机构？它们的作用是什么？

（5）分析加工 4 种不同螺纹的传动路线有何异同？

（6）CA6140 车床共有几种类型的离合器？说明它们各自的作用和特点。

（7）在 CA6140 车床上加工下列螺纹：

① 米制螺纹，$P = 3\,\text{mm}$，$K = 2$；

② 模数螺纹，$m = 3\,\text{mm}$，$K = 2$；

写出其传动路线表达式。

2. 机床主运动设计。

（1）何谓级比规律？写出符合级比规律的主传动 12 级转速的全部结构式。

（2）某机床主轴转速为 $n = 40 \sim 1800\,\text{r/min}$，公比 $\phi = 1.41$，电动机转速 $n = 1440\,\text{r/min}$。

要求：

① 拟定结构式,确定转速图;

② 确定齿轮齿数,带轮直径,验算转速误差;

③ 画出主传动系统图。

(3) 某机床主传动采用双速电机($\phi = 2$)驱动,主轴转速级数 $Z = 12$,若公比 $\phi = 1.26$, $\phi = 1.41$,试分别写出其结构式,并讨论实现的可能性。

(4) 某机床主轴转速数列为对称型混合公比,主轴转速 $n = 40 \sim 1\,250$ r/min,公比 $\phi = 1.26$, $\phi = 1.58$,主轴转速级数 $Z = 12$,要求拟定结构式,设计转速图。

(5) 某机床主传动转速图如图 4 - 24 所示,若主轴计算转速为 160 r/min,试确定:

① 该传动系统的结构式;

② 第一变速组和第二扩大组的级比、级比指数、变速范围;

③ 各中间传动轴的计算转速;

④ 各齿轮的计算转速。

(6) 某机床主传动转速图如图 4 - 25 所示,若主轴计算转速为 63 r/min,试确定:

① 第二变速组和第二扩大组的级比、级比指数、变速范围;

② 各中间传动轴的计算转速;

③ 各齿轮的计算转速。

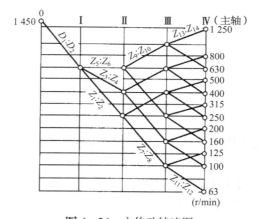

图 4 - 24　主传动转速图

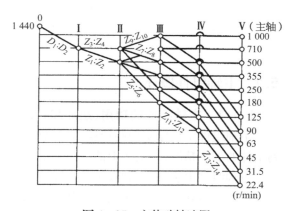

图 4 - 25　主传动转速图

第5章

主轴组件设计

◎ 学习成果达成要求

　　主轴组件是机床的核心部件,对机床的质量、工作性能和使用寿命起着至关重要的作用,本章将着重介绍主轴组件设计的工程基础知识。

　　学生应达成的能力要求包括:

　　1. 具有对主轴组件的支承定位方式及结构进行设计的能力。

　　2. 具有对常见主轴组件的结构特点进行正确分析的能力。

　　3. 具有主轴端部结构和主轴参数的设计能力。

«‹‹

5.1　主轴组件概述

5.1.1　主轴组件的功用、组成和特点

　　主轴组件是机床实现旋转运动的执行件,它带动工件或刀具参加表面成形运动,直接影响到工件的加工精度,是机床上的一个关键组件。

　　主轴组件由主轴、主轴轴承和安装在主轴上的传动件、密封件等组成。

　　除直线运动机床(牛头刨、龙门刨、拉床等)外,各种旋转运动机床都有主轴组件。通用机床一般只有一个主轴组件;外圆磨床有砂轮主轴组件和工件头架主轴组件;某些专用机床和组合机床有多个主轴组件。

　　机床主轴和一般传动轴的相同点是:二者都传递运动和扭矩,都要保证轴上传动件和支承的正常工作。但是,机床主轴还要直接带动工件或刀具旋转,实现表面成形运动,因此对机床主轴组件又有特殊的、更高的要求。

5.1.2　对主轴组件的基本要求

　　主轴组件是机床的主要部件之一,其性能对整机性能有很大的影响。主轴直接承受切削力,转速变化范围大,由此对主轴组件提出的基本性能要求如下。

　　1) 旋转精度

　　主轴的旋转精度是指机床空载时,低速转动主轴,测量得到的主轴上安装工件或刀具的定心表面(如车床轴端的定心短锥、锥孔、铣床轴端的 7:24 锥孔)的径向跳动、轴向跳动和轴向窜动值的大小。主轴组件的旋转精度取决于各主要件(如主轴、轴承、箱体孔等)的制造、装配和调整精度。国家标准对机床的旋转精度已有规定。

2）刚度

刚度主要反映机床或部件在外载荷作用下抵抗弹性变形的能力。影响主轴组件刚度的因素很多,主要有主轴的尺寸和形状,滚动轴承的型号、数量、预紧和配置形式,前后支承的跨距和主轴的悬伸量,传动件的布置方式等。

3）温升

机床长时间的工作会引起主轴温度升高。在热胀冷缩作用下,温升引起的热变形使主轴伸长,轴承间隙发生变化,从而降低了回转精度;此外,温升也会降低润滑剂的黏度,恶化润滑条件。因此,对高精度机床尤其应着重研究主轴组件的发热和控温等问题。

4）抗振性

主轴组件的抗振性是指其抵抗受迫振动和自激振动而保持平稳运转的能力。主轴的振动将降低甚至恶化工件的表面质量,加剧刀具的磨损,限制机床能力的充分发挥,同时产生较大的切削噪声,影响操作者的身心健康。

受迫振动主要来源于主轴上旋转零件(主轴、传动件和所装的工件或刀具等)的偏心质量产生的离心力,断续切削产生的周期性变化的切削力等。

自激振动也被称为颤振,是指金属切削加工时,虽然没有外界动态干扰力的作用,但由于机床—工件—刀具组成的机床振动系统对切削过程的反馈作用,使刀具与工件间切削力的偶然波动被放大,从而引发持续的强烈振动。自激振动会使加工表面质量恶化,严重限制机床切削用量的提高,减低生产效率。

一般来说,粗加工机床切削宽度较大,产生自激振动的可能性较大。精密机床切削用量小,但允许的振幅小,应主要考虑抵抗受迫振动的能力。因为自激振动的频率和幅值均随转速提高而剧增,所以,高速切削过程中受迫振动和自激振动都比较突出,故在设计和评价高速切削机床主轴组件时,自激和受迫振动均应考虑。

切削加工系统抵抗切削颤振的能力称为工艺系统的稳定性。机床切削从没有颤振到产生颤振之间存在着明显的界限,这个界限就是稳定性极限,可由极限切削宽度来评定。

图 5-1a 为外圆锥面车削示意图,图 5-1b 为楔形平面铣削示意图。在两种切削状态下,开始时切削宽度 b 均较小,不会产生颤振,当 b 增至 $b_{\lim}$ 时,颤振发生了,即切削由稳定转为不稳定,这就是稳定性极限,$b_{\lim}$ 称为极限切削宽度。图 5-1c 曲线表示切削过程中振幅的变化。

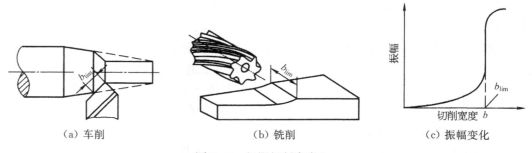

（a）车削　　　　　　　　　　（b）铣削　　　　　　　　（c）振幅变化

图 5-1　极限切削宽度 b_{lim}

5）精度保持性

精度保持性是指在正常使用条件下,机床各部件能在较长时间内保持其精度特性的能力,它主要取决于设计、制造、装配、使用和维护等各个环节。其中,影响精度保持性的主要因素是零部件的耐磨性,而零部件的磨损又受结构、加工工艺、材料、热处理、润滑、防护、使用条件等诸多因素的影响,十分复杂。

5.1.3 主轴的传动方式

主轴传动方式的选择主要决定于主轴转速的高低、所传递转矩的大小和对运转平稳性的要求,常见的方式有齿轮传动、带传动和调速电机直接驱动三种,分述如下。

1) 齿轮传动

齿轮传动的优点是构造简单、紧凑,并能传递较大的转矩,是一般机床最常用的传动方式。它的缺点是能达到的速度受齿轮误差的影响而不能过高。通常,齿轮传动适用于线速度 $v \leqslant 12 \sim 15$ m/s,转速 $n \leqslant 2\,000 \sim 2\,500$ r/min 的场合。转速较高的主轴上最好不要安装可移动的零件,例如滑移齿轮,以免因主轴与齿轮孔间存在间隙而引起振动,降低主轴回转精度和机器的工作性能。

为使主轴运转平稳,传动齿轮可采用齿轮式离合器带动斜齿轮传动,实现变速。但是,斜齿传动会产生轴向分力,如果齿轮经常啮合,则磨损较大,机械效率低,发热也较多。

2) 带传动

转速较高的主轴,用带传动可使运转平稳;同时,这种传动方式的构造简单,成本也较低;但是传动带容易拉长和磨损,需要定期调整和更换。主轴的转速不太高时可用三角带,当线速度超过 30 m/s 时,宜采用平带。丝织平带(锦纶丝或涤纶丝)适用于速度较高的场合,具有传动平稳、寿命长的特点,并且丝织带柔软,可用在直径较小的带轮上。数控机床为保证传动比准确,则常用齿形带、多楔带等。

3) 调速电机直接驱动

采用无级调速的电机直接驱动主轴旋转,可大大简化主轴箱的结构,有效地提高主轴组件的刚度,这种主轴传动方式常见于加工中心和数控机床中。

5.2 主轴组件常用轴承结构及选型

主轴组件的结构设计主要包括主轴端部结构、轴承型号及支承定位方式的选择、主轴上各传动件的装配结构等几个方面。其中,主轴的端部结构是标准的,传动件如齿轮、带轮等与一般机械零件相同。因此,设计主轴组件的主要工作就是对主轴支承部分的结构及支承定位方式进行确定。

主轴支承所用的轴承有滚动轴承和滑动轴承两大类。选择时应根据主轴的工作要求、制造条件和经济效果等综合考虑。在一般情况下,应尽量采用滚动轴承。对于大多数立式机床主轴和能够轴向移动的主轴,采用滚动轴承可以使用润滑脂润滑以避免漏油;对于加工精度要求较高及卧式机床上水平放置的主轴(如外圆和卧轴平面磨床、精密和高精密车床、丝杠车床等),常采用滑动轴承。由于主轴组件的抗振性主要取决于前轴承,因此也有机床采用滑动轴承作为主轴前支承,而主轴后轴承和推力轴承采用滚动轴承的支承方式。

5.2.1 主轴组件常用滚动轴承

滚动轴承是由专业化的滚动轴承制造厂生产的标准部件,在机器中起着轴类零件的支承作用。由于其产生的滚动摩擦减小了运动副之间的磨损,可有效提高机械效率。由于滚动轴承的加工工艺相对成熟、成本较低且使用维修方便,因此在工程中得到了广泛的应用。

1) 滚动轴承的优缺点

与滑动轴承相比,滚动轴承的优点和缺点可总结如下。

（1）滚动轴承的优点：

① 滚动轴承能在转速和载荷变动幅度很大的条件下稳定地工作，而动压滑动轴承在低速时难以形成具有足够压强的油楔；

② 滚动轴承可以在无间隙，甚至在预加载荷（有一定的过盈量）的条件下工作，有利于提高旋转精度和刚度；滑动轴承则必须有一定的间隙，才能正常地工作；

③ 滚动轴承摩擦系数小，有利于减少发热；

④ 滚动轴承的润滑比滑动轴承容易，可以用润滑脂，如果用润滑油，则所需的流量也远比滑动轴承小；

⑤ 滚动轴承由专门工厂生产，供应方便，可以外购。

（2）滚动轴承的缺点：

① 滚动轴承滚动体的数目有限，刚度是变化的；

② 滚动轴承的内外圈与滚动体是刚性接触，而滑动轴承的油膜令形成黏性阻尼层，故滚动轴承的阻尼比滑动轴承低；

③ 滚动轴承的径向尺寸比滑动轴承大。

2）滚动轴承的常用类型及结构

滚动轴承的类型按照滚动体的形状分为球轴承、圆柱滚子轴承、圆锥滚子轴承和滚针轴承等。其中，常用的球轴承有深沟球轴承、角接触球轴承和推力球轴承等，圆柱滚子轴承有单列、双列向心短圆柱滚子轴承等。下面将对几种轴承的结构及特点进行介绍。

（1）球轴承。

深沟球轴承只能用来承受径向载荷；角接触球轴承既能承受径向又能承受轴向载荷，推力轴承则只能承受轴向载荷。深沟球轴承一般不能调整间隙，故常用于精度和刚度要求不高的地方，如钻床主轴。角接触球轴承和推力轴承可以用使内、外圈相对轴向位移的方法调整间隙，因而使用广泛。

传统的推力轴承一般都只能承受一个方向的轴向力，近些年又发展出可承受双向轴向力的轴承，它通常与双列向心短圆柱滚子轴承配套使用，其结构如图 5-2 所示。它由外圈 2、内圈 1 和 4 及隔套 3 组成。修磨隔套 3 就可消除其间隙并预紧。它的外圆柱面公差带在零线下方，与箱体孔之间有间隙，因而不承受径向载荷，专做推力轴承使用。外圈中央开有油槽和油孔，润滑油由此进入轴承。这种轴承的极限转速与同孔径的双列短圆柱滚子轴承相同。

（2）圆锥孔双列向心短圆柱滚子轴承。

此种轴承只能承受径向载荷，可分成两类，分别如图 5-3 中两图所示。其中，图 5-3 左

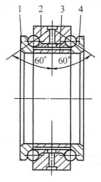

图 5-2　双向推力轴承结构简图

1、4—内圈；2—外圈；3—隔套

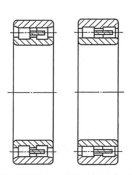

图 5-3　双列向心滚子轴承结构简图

图所示结构较常见,滚道环槽开在内圈上。图5-3右图所示轴承的结构,滚道环槽开在外圈上,可将内圈装在主轴颈上后再精磨内圈滚道,以避免主轴轴颈的不圆影响滚道的精度并保证滚道与主轴的同轴度。图5-3右侧所示轴承的外径和宽度都比图5-3左侧所示的同孔径轴承小一些,前者属超轻型,后者属特轻型。

这两种轴承的两列滚子交叉排列,旋转时刚度的变化较小。内圈有1∶12的锥孔,与主轴的锥形轴颈相配合。轴向移动内圈,可以消除轴承间隙或预紧。

(3) 圆锥滚子轴承。

圆锥滚子轴承既能承受径向载荷,又能承受轴向载荷。这种轴承滚子大端的端面与内圈挡边为滑动摩擦,所以发热较多,容许的最高转速低于同尺寸的圆柱滚子轴承。下面对三种属于此种类型的轴承进行简要介绍。

① 单列圆锥滚子轴承。

这种轴承能承受的轴向载荷是单向的,通常成对使用,分别装于前、后支承,也可成对地装于前支承,还可与推力轴承配对装于后支承。调整内、外圈的相对位置,就可消除间隙或预紧。

② 双列圆锥滚子轴承。

这种轴承可承受的轴向载荷是双向的,承载能力和刚度都较大,其结构简单,如图5-4所示,由外圈2、两个内圈1和4及隔套3组成。外圈有凸缘,因此箱体或主轴套筒只需镗通孔,凸缘一端抵住箱体或主轴套筒的端面,另一端则用法兰压紧。修磨隔套3的厚度就可以消除间隙并预紧,这类轴承常见于坐标镗床。为了减少发热,轴承套圈与滚动体的接触角不宜过大,但小接触角的缺点是轴向承载能力较小。

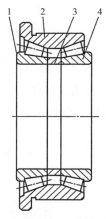

图5-4 双列圆锥滚子轴承结构简图
1、4—内圈;2—外圈;3—隔套

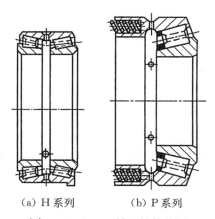

(a) H系列   (b) P系列

图5-5 Gamet轴承结构简图

③ Gamet轴承。

这类轴承由法国Gamet公司开发。图5-5a所示为H系列,用于前支承,图5-5b所示为P系列,用于后支承,两者需配套使用。这种轴承与一般圆锥滚子轴承不同的地方是,为了降低温升而使用油润滑。

一般滚动轴承如让大量的油通过内、外圈之间,由于滚动体的搅拌作用,会大量发热,起不到降低温升的作用。为了解决这个问题，Gamet 轴承的滚子是中空的，保持架整体加工，可以把滚子之间的空隙占满。因此，润滑油的大部分被迫通过滚子的中孔，冷却最不易散热的滚子，小部分则通过滚子与滚道之间起润滑作用。图中外圈上的小孔为进油孔，中空的滚子还可起阻尼作用。

H 系列的两列滚子数目相差一个，使两列的刚度变化频率不同，以抑制滚动。Gamet 轴承的外圈较长，因此与箱体孔的配合可以松一些，以减少箱体孔的形状误差对外圈的影响。P 系列的外圈上有弹簧，用作预紧。弹簧数为 16～20，视直径而定。

3）滚动轴承的配置原则

主轴轴承的配置型式，主要包括主轴轴承的选型、组合以及布置等方面的内容，应根据滚动轴承的特点及机器设备的工况条件进行选择，通常考虑的主要因素有转速、承载能力、刚度以及精度等方面的要求，同时还要考虑轴承的供应、经济性等具体情况。

下面以表 5-1 所示常见主轴滚动轴承的配置型式为例，来介绍确定两支承主轴轴承配置型式的一般原则。

（1）刚度和承载能力。主轴轴承的选择首先应满足所要求的刚度和承载能力。径向载荷较大时，尽量选用滚子（圆柱、圆锥）轴承，可选表 5-1 中序号 1—5 的轴承配置型式；径向载荷较小时，可选用序号 6—8 的配置型式。这是因为滚动体为线接触（圆柱、圆锥）的轴承，其刚度要比滚动体为点接触（球）的高；双列轴承（序号 5）比单列（序号 4）的刚度高；支承中有多个轴承的比只有一个轴承的刚度高。

此外，提高前支承的刚度能有效地提高主轴组件的刚度，故高刚度的轴承应配置在前支承。

表 5-1　常见主轴滚动轴承配置型式及其工作性能

序号	轴承配置型式	前支承		后支承	前支承承载能力	刚度				振摆		温升		极限转速	热变形前端位移
		径向	轴向	径向	轴向	径向	轴向	径向	轴向	径向	轴向	总的	前支承		
1		3 182 100	2 268 000	3 182 100	—	1.0	1.0	1.0	1.0	1.0	1.0	1.0	1.0	1.0	1.0
2		31 821 000	8 000（两个）	3 182 100	—	1.0	1.0	0.9	3.0	1.0	1.0	1.15	1.2	0.65	1.0
3		3 182 100	—	46 000（两个）	—	1.0	0.6	0.8	0.7	1.0	1.0	0.6	0.5	1.0	3.0
4		7 000		7 000	—	0.8	1.0	0.7	1.0	1.0	1.0	0.8	0.75	0.8	0.8
5		2 697 000 或 97 000	—	7 000	—	1.5	1.0	1.13	1.0	1.0	1.4	1.4	0.6	0.8	0.8
6		46 000（两个）	—	46 000（两个）	—	0.7	0.7	0.45	1.0	1.0	1.0	0.7	0.5	1.2	0.8
7		46 000（两个）	—	46 000（两个）	—	0.7	1.0	0.35	2.0	1.0	1.0	0.7	0.5	1.2	0.8

（续表）

序号	轴承配置型式	前支承		后支承		前支承承载能力		刚度		振摆		温升		极限转速	热变形前端位移
		径向	轴向	径向	轴向	径向	轴向	径向	轴向	径向	轴向	总的	前支承		
8		0 000 （两个）	8 000	0 000	8 000	0.7	1.0	0.35	1.5	1.0	1.0	0.85	0.7	0.75	0.8
9		84 000	8 000	84 000	8 000	0.6	1.0	1.0	1.5	1.0	1.0	1.1	1.0	0.5	0.9

注：工作性能指标用相对值表示（第一种为 1.0）；这些主轴组件结构尺寸大致相同。

（2）转速要求。不同型号、规格和精度等级的轴承所允许的最高转速是不同的。在相同条件下，点接触的轴承所允许的最高转速比线接触的轴承所允许的最高转速高；圆柱滚子轴承所允许的最高转速比圆锥滚子轴承所允许的最高转速高。因此，应综合考虑对主轴组件刚度和转速两方面的要求来选择轴承配置型式。

总体来说，在轴向承载能力和刚度方面，以专门承受轴向载荷的推力轴承为最高，其次依次为圆锥滚子轴承和角接触球轴承；在允许的极限转速方面，顺序则相反，这是因为点接触的球轴承比线接触的圆锥滚子轴承承受的摩擦力要小，而对于推力轴承，则是因为其转动时滚动体的离心力需由保持架承受，故允许的极限转速最低。

（3）精度要求。主轴组件中承受轴向力的推力轴承配置方式直接影响主轴的轴向位置精度。前端定位时，主轴受热变形向后延伸，不影响加工精度，但前支承结构复杂，调整轴承间隙较不便，前支承处发热量较大；后端定位的特点与上述的相反；两端定位时，主轴受热伸长后，轴承轴向间隙的改变较大；若止推轴承布置在径向轴承内侧，主轴可能因热伸长而引起纵向弯曲。

4）滚动轴承的预紧和间隙调整

（1）滚动轴承的预紧。通常情况下，大多数滚动轴承在安装时，需预先在轴向施加一个等于径向载荷 20%～30% 的力，使轴承滚道与滚动体之间有一定的过盈量，这种轴承的安装过程被称为"预紧"。

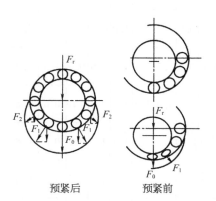

图 5-6 轴承预紧前后受力图

图 5-6 右图所示为预紧前轴承存在间隙的情况，径向载荷 F_r 由受力方向的一个或几个滚动体承受，导致这几个滚动体和滚道之间产生很大的接触应力和接触变形，降低了轴承刚度和寿命；当间隙调整到零时，各滚动体受力就比较均匀；当对轴承施加预紧产生过盈时，各滚动体的受力就更加均匀一些，如图 5-6 左图所示，适当的预紧量可使滚动体产生微小的弹性变形，增加了滚动体和滚道的接触面积，从而提高了轴承刚度。

图 5-7～图 5-9 表明适量的预紧对提高轴承刚度、寿命和主轴的动态性能均是有利的，而过大的预紧对轴承刚度的提高已不显著，反而会导致发热量大、磨损严重的后果。

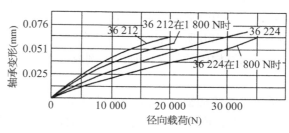

图 5 - 7　轴承径向刚度曲线

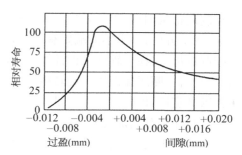

图 5 - 8　间隙和轴承寿命的关系曲线

图 5 - 8 及图 5 - 9 表明,对于不同类型、规格的轴承必存在一个最佳预紧量,使轴承相对寿命最长、主轴前端共振幅值最小,该最佳值应根据机床工作条件、轴承类型、试验和生产经验来确定,在确定时还应考虑轴承发热而引起的过盈量的变化。

一般来说,圆柱及圆锥滚子轴承比球轴承允许的预加载荷要小些;轴承精度越高,达到同样刚度所需的预加载荷越要小些;转速越高、轴承精度越低,正常工作所要求的间隙越大。不同轴承的最佳预紧间隙或预加载荷,可以通过查表等方法获得其推荐值。

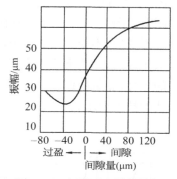

图 5 - 9　间隙对主轴前端振幅的影响曲线

(2)滚动轴承的间隙调整。在进行主轴支承结构设计时,一定要考虑轴承间隙调整结构,以便在装配时能对轴承施加预紧力,控制过盈量;在轴承磨损后,为恢复精度需对过盈量再次进行调整,确保主轴滚动轴承能长期、可靠而又稳定地工作。

轴承间隙的调整结构各异,但原理都是一致的,即:使轴承内、外圈产生轴向相对位移,消除滚动体和滚道之间的间隙,并有一定的过盈量。结构设计以简单、调整方便、工作可靠为原则。另外,在调整过程中还不应损坏轴承或影响轴承精度。最常见的调隙方法是采用螺母、套筒或垫片调整。

主轴常用的圆锥孔双列向心短圆柱滚子轴承的径向间隙调整,如图 5 - 10 所示,一般是用螺母经中间隔套,轴向移动内圈来实现的。图 5 - 10a 所示为仅从左面压内圈移动,结构简单,

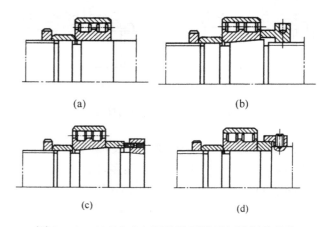

(a)　　　　　　　　　　(b)

(c)　　　　　　　　　　(d)

图 5 - 10　双列向心短圆柱滚子轴承间隙调整结构

但控制调整量困难,当预紧量过大时松卸轴承不方便;图5-10b所示为用右边螺母来控制调整量,调整方便,但主轴前端要有螺纹,工艺性差;图5-10c所示为用螺钉代替图5-10b右侧的控制螺母,需在主轴前端设计螺孔,工艺性优于图5-10b所示结构,但当几个螺钉的力不一致时,易将套圈压偏而影响旋转精度;图5-10d所示结构中的隔套沿轴线被剖成两半,可取下来修磨其宽度,以便控制调整量。

在高速轻载精加工机床的主轴组件中,经常采用角接触轴承,它的调整方法如图5-11所示。图5-11a表示结构是按预紧量确定的厚度δ修磨内圈内侧面,当压紧内圈时即得到所需的预紧量;此法要求内圈侧面垂直于轴线,且重调间隙时必须把轴承从主轴上拆下,很不方便。图5-11b所示为在两轴承内、外圈间分别装入厚度差为2δ的两个短套来达到预紧目的,缺点同上。图5-11c所示为在两个轴承外圈之间放入若干个圆周均布的弹簧,靠弹簧保持一个固定不变的、不受热膨胀影响的预加载荷,它可持久地获得可靠的轴承预紧,但对几个弹簧的要求比较高,此法常用于高速内圆磨头中。图5-11d则是在两轴承外圈之间装入一个适当厚度的短套,靠装配调整使内圈受压后移动一个δ的量,它不需修磨,在初调和重调时均可用,但对装配技术要求高。

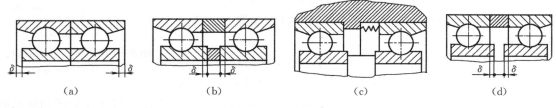

(a)   (b)   (c)   (d)

图5-11   角接触轴承常见调隙结构

此外,根据主轴的工作条件,常需要在主轴的一个支承内设计两个或两个以上的轴承,用来分别承受径向和轴向载荷。对于这种结构,应尽可能使不同轴承的间隙能各自分别调整和控制。图5-12a所示结构中三个轴承共用一个螺母进行调整;图5-12b则各用一个螺母分别对推力轴承和圆锥面双列向心短圆柱滚子轴承的间隙进行调整,但结构较复杂。

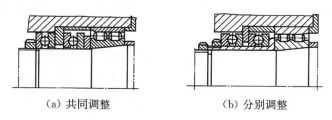

(a) 共同调整   (b) 分别调整

图5-12   分离式间隙调整结构

(3) 调整螺母的防松。调整螺母一般采用细牙螺纹,易于微量调节、自锁性较好。尽管如此,螺母调整好以后还应有防松措施。防松的方法很多,图5-13为几种常用方法的结构简图。当对调整螺母的轴向跳动有严格要求时,应采用不影响螺母端面位置精度的锁紧装置,如图5-13a、b所示。图5-13c—e所示的结构较为简单。此外,防松结构的设计还应考虑安装时的方便和可靠性。

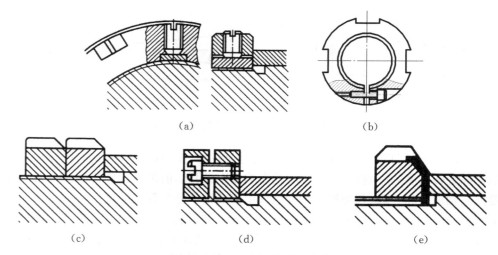

图 5-13　调整螺母的防松结构

　　用螺母调整轴承的间隙时,需在轴上加工螺纹且要求螺纹中心与主轴中心同轴,否则会使轴承压偏,影响主轴旋转精度,这种螺纹防松结构存在的工艺性缺陷,使其在精密机床中的使用受到了限制。图 5-14 所示为油压套筒式调整结构,它采用阶梯套筒代替螺母进行调整。装配时将套筒加热后压到轴上,与主轴过盈配合,调整时把压力油压入套筒和主轴间的缝隙中,同时借助专用工具在套筒轴向施加一定推力使其产生轴向移动以调整、预紧轴承。拆卸时,只要把压力油压入缝隙中即可卸下套筒。这种结构已在坐标镗床、精密车床等主轴组件中推广使用。

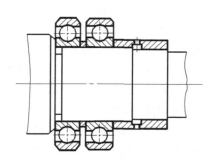

图 5-14　油压套筒式调整结构

　　5) 滚动轴承的公差等级

　　滚动轴承按其尺寸公差和旋转精度的不同,可分成不同的公差等级。机床主轴组件一般要求具有较高的公差等级,精密机床的主轴轴承精度通常采用 2、4 级,中等及较高级精度的机床主要采用 5、6 级轴承,普通机床主要采用 0 级滚动轴承。

　　轴承公差等级的选择对于主轴旋转精度有至关重要的影响。向心轴承的公差等级,主要考虑机床工作性能和加工精度,按主轴组件的径向跳动公差选择;推力轴承的公差等级,按主轴组件的轴向跳动公差选择。

　　主轴前、后支承中轴承的旋转精度对主轴旋转精度的影响是不同的。以向心轴承为例,图 5-15a 所示为前轴承内圈的径向跳动量为 δ_a,而后轴承的径向跳动为零的情况,这时对应于主轴端部的径向跳动量 δ_1 为:

$$\delta_1 = \frac{L+a}{L}\delta_a$$

　　图 5-15b 所示为后轴承内圈的径向跳动为 δ_b,而前轴承的径向跳动为零的情况,这时对应于主轴端部的径向跳动量 δ_2 为:

$$\delta_2 = \frac{a}{L}\delta_b$$

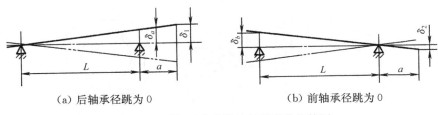

(a) 后轴承径跳为 0   (b) 前轴承径跳为 0

图 5-15 前、后支承轴旋转精度分析简图

若轴承内圈的径向跳动量相同，即 $\delta_a = \delta_b$ 时，则 $\delta_1 > \delta_2$。这就表明前轴承内圈的径向跳动对主轴端部旋转精度的影响较大，后轴承的影响较小。因此，前轴承的旋转精度应当选得高些，通常要比后轴承的高一级。各类机床主轴组件中滚动轴承公差等级的选择，可查表确定。

滚动轴承的配合，对于主轴组件的精度也有很大的影响。轴承内圈与轴颈、外圈与轴承座孔的配合必须适当。过松则配合处受载后会出现松动，影响主轴组件旋转精度和刚度，缩短轴承的使用寿命；过紧则会使内、外圈变形，同样会影响主轴组件的旋转精度，加速轴承的磨损，增加主轴组件的温升和热变形，并给装配带来困难。

此外，对需要调整间隙的轴承，为了使调整时内圈能作轴向移动，配合应稍松些；对于一些轻载的精密机床，为了避免轴颈或座孔的形状误差影响轴承精度，常采用有间隙的配合。例如，对于内圆磨床的磨头，内圈间隙为 $1\sim4~\mu m$，外圈间隙为 $4\sim10~\mu m$；YA7063 型齿轮磨床的砂轮主轴，内圈($\phi35$)间隙为 $0\sim2~\mu m$，外圈间隙为 $2\sim8~\mu m$。滚动轴承在装配时需进行严格挑选，对轴颈和座孔进行研磨，才能保证规定的配合。

根据各类机床设计制造的经验，滚动轴承的配合可参考表 5-2 进行选用。轴颈与轴承内圈选用 m5 配合，紧固性较好，但装拆不方便。用 k5 平均过盈接近于零，易装卸，受冲击不大时同轴度良好。轴承外圈通常不转动，与轴承座孔的配合稍松，常用 J6、Js6 或 K6，只有在重载荷时才能用 M6。

表 5-2 常用滚动轴承的配合表

配合部位	配 合			
主轴轴颈与轴承内圈	m5	k5	j5 或 js5	k6
箱体孔与轴承外圈	K6	J6 或 Js6	或规定一定过盈量	

5.2.2 主轴组件常用滑动轴承

滑动轴承与滚动轴承不同，它是在相对运动表面之间的滑动摩擦下工作的轴承。与滑动轴承支撑的轴颈相配的零件称为轴瓦。根据轴颈和轴瓦之间流体介质的不同，可将滑动轴承分为液体滑动轴承和气体滑动轴承。液体滑动轴承根据油膜压力形成方法的不同，可分为动压轴承和静压轴承，而动压轴承又可分为单油楔轴承和多油楔轴承。

滑动轴承中有相对滑动的表面——轴颈和轴瓦间被流体介质分开而不发生直接接触，可以大大减小摩擦损失和表面磨损，因此工作平稳、可靠、无噪声。液体滑动轴承中的油膜还具有一定的吸振能力，因此液体滑动轴承的阻尼性能好，具有良好的抗振性，但启动时摩擦阻力较大。

1) 液体动压轴承

液体动压轴承的工作原理是：当主轴以一定转速(大于临界转速)旋转时，带着一定黏度的润滑油,从轴颈和轴瓦形成的楔形空间的大间隙处向小间隙处流动,从而在楔形空间内形成有一定压强的压力油膜,将轴颈浮起以承受主轴的载荷。轴承中只产生一个压力油膜的叫单油楔动压轴承,它在载荷、转速等工作条件变化时,油膜厚度和位置也随着变化,使轴心线浮动而降低了旋转精度和运动平稳性。

　　主轴组件中常用多油楔的动压轴承。它的工作原理是:当主轴以一定的转速旋转时,在轴颈周围能形成多个均布的压力油膜。当主轴受到外载荷时,轴颈稍偏心,承载的压力油膜变薄而压力升高,相对方向的压力油膜变厚而压力降低,压力高的油膜将轴颈推向压力低的一方,当轴颈位于理想的回转中心时,两个方向的压力油膜厚度相同,则产生的压力相同,形成新的平衡。因此,多油楔动压轴承主轴的向心性较好。动压轴承的油膜愈薄,则油膜压力愈高,即其支撑刚度愈大。多油楔轴承中承载方向的油膜压力比单油楔轴承的压力高,故多油楔轴承较能满足主轴组件的工作性能要求。这类轴承的结构形式很多,这里介绍其中的两种。

　　(1) 短三瓦滑动轴承。

　　该轴承的油膜压力需在一定的轴颈圆周速度($v > 4$ m/s)时形成。短三瓦滑动轴承的结构如图 5-16 所示,它由三块扇形轴瓦组成,轴瓦背面与箱体孔不接触,而是支承在球头螺钉上。球头螺钉的球面和轴瓦背面的凹球面配研,接触面积不少于 80％,因而具有较高的支承刚度。借助三个螺钉可以精确调整轴承间隙,一般情况下轴瓦和轴颈之间的间隙可调整到 $5 \sim 15\ \mu m$,而主轴的轴心漂移量可控制在 1 μm 左右,因而该轴承支撑的主轴具有较高的旋转

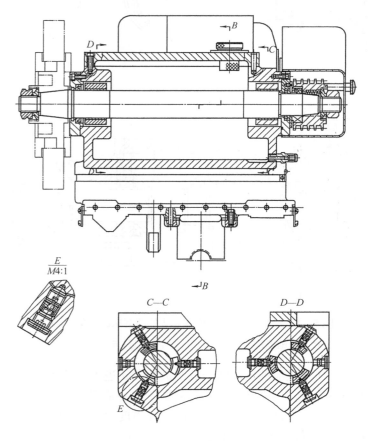

图 5-16　M1432A 外圆磨床砂轮架及其主轴上的短三瓦滑动轴承

精度。三个压力油楔由于球面的作用能自动地适应外加载荷,使主轴在规定精度内始终处于轴承的中心位置。

图 5-16 所示轴承中轴瓦背面的凹球面位置是不对称的,即形成油膜的厚薄方向是固定的,故此轴承支撑的主轴只能朝一个方向旋转,不能反转,反转即主轴由油膜薄的地方向厚的地方旋转则不能形成压力油楔。

短三瓦滑动轴承的结构简单,制造维修方便。此外,该轴承由于全部浸在砂轮架油池中,可保证获得充分的润滑,也因此比滚动轴承抗振性好,运动平稳,故在外圆磨床、卧轴平面磨床等各类磨床的主轴组件中得到广泛应用。

(2) 固定多油楔轴承。

固定多油楔轴承的油腔是切削加工形成的,形状为阿基米德螺旋线。轴瓦的结构如图 5-17 左上图所示,它的外表面是圆柱面,内表面沿圆周方向均布五个等分的油腔,各油腔内径按 1∶20 的锥度加工成内圆锥面,深约 0.1~0.15 mm。这种轴承常用于磨床砂轮主轴,旋转方向是固定的,应如图 5-17 中箭头所示。

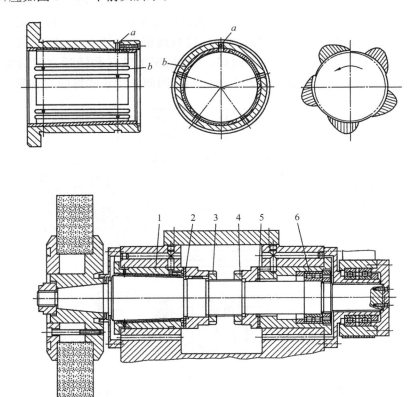

图 5-17 MG1420 型高精度万能外圆磨床砂轮架主轴结构

1—固定多油楔动压轴承;2、5—止推环;3、4—螺母;6—双列向心短圆柱滚子轴承

轴承工作时,由液压泵供应的低压油经五个进油孔 a 进入阿基米德螺旋线型的油腔,从回油槽 b 流出,形成循环润滑。供应低压油的目的在于避免启动或停止时出现干摩擦现象。由于轴承的油楔是机械加工形成的,因此该轴承的尺寸精度、油楔参数及工作时的接触状况等均恒定、装配维修方便,但油腔的加工较困难。

图 5-17 下图是固定多油楔轴承在 MG1420 型高精度万能外圆磨床砂轮架上的应用实例。该主轴前端是固定多油楔动压轴承 1,后轴承是双列向心短圆柱滚子轴承 6,主轴的轴向定位由前后两个止推环 2 和 5 控制,主轴前支承的径向间隙由止推环 2 右侧的螺母 3 调整。

2) 液体静压轴承

当主轴停止旋转或转速低于一定值(临界转速)时,动压轴承的压力油膜就无法形成,所以主轴在转速较低或启动、停止过程中,轴颈就要与轴承接触,发生干摩擦。此外,主轴转速及载荷的变化会引起压力油膜厚度的变化,由此导致轴心位置也随之改变,对主轴的旋转精度产生影响。液体静压轴承就是为了解决这些问题而发展起来的。

液体静压轴承的油腔展开结构如图 5-18 所示。在液体静压轴承的内表面上等距地开有若干个对称分布的压力区——油腔(通常为四个),每个油腔的四周有适当宽度的凸起面作油封面,又称节流边。它和轴颈之间一般保持 0.02~0.04 mm 的间隙。在相邻油腔的节流边之间开有回油槽。

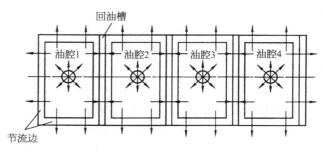

图 5-18 静压轴承油腔展开图

液体静压轴承的工作原理如图 5-19 所示。油泵供给压力为 P_s 的油液,经过阻力为 R_{G1}、R_{G2}、R_{G3} 和 R_{G4} 的四个节流器,分别流入轴承和轴颈两个相对运动表面间的四个油腔中,将轴颈浮起并推向中央。通过节流器的调整作用,使各个油腔的压力 P_{r1}、P_{r2}、P_{r3} 和 P_{r4} 能随外载荷 W 的变化自行调节,即自动平衡外载荷,保证轴颈不与轴承接触而形成纯液体摩擦,并使主轴处于理想的回转中心,提高旋转精度。液体静压轴承的主要优点如下:

① 速度及方向适应性强。由于液体静压轴承中压力油膜的形成取决于输入油液的压力,

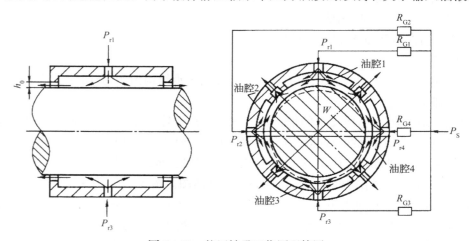

图 5-19 静压轴承工作原理简图

不依赖于运动件之间的相对运动速度和油膜的形状。因此,它既能在极低的转速下工作,又能在极高的转速下工作;且在主轴正、反向旋转及换向瞬间均能保持液体摩擦状态。广泛用于磨床、车床及其他需要经常换向的主运动轴上。

② 承载能力强。只要增大油泵压力和承载面积,就可增大轴承的承载能力,故可用于重型机床中。

③ 摩擦力小、轴承寿命长。由于是纯液体摩擦,摩擦系数非常小,轴颈和轴承之间没有直接磨损,轴承能长期的保持精度。

④ 旋转精度高、抗振性好。在主轴轴颈和轴承之间的高压油膜,具有良好的吸振性能,使主轴运转平稳,它的油膜刚度高达 $800 \text{ N}/\mu\text{m}$。

液体静压轴承的缺点是:需要配备一套专用供油系统,对供油系统的过滤和安全保护要求严格,轴承制造工艺复杂。随着液压技术的进一步发展,液体静压轴承必将得到更广泛的应用。

3) 空气静压轴承

静压轴承除了用液体作为流体介质以外,还可以用空气作为流体介质。由于空气的黏度比液体小得多,故所消耗的功率也很小,可适应的温度和线速度都很高。但空气静压轴承的承载能力较低,轴承的刚度也较差。

空气静压轴承可用于主要磨削小孔的内圆磨床上(孔径 6~8 mm),主轴转速几万转到十几万转每分钟;此外,空气静压轴承还可以用于高精度磨床,例如高精度磨床上额定速度为 $(6\sim9)\times10^4$ r/min、功率为 450 W、高频电机直接驱动的高速电动砂轮主轴,它的前后支承各采用一个径向空气静压轴承,径向气膜厚度,即径向间隙为 0.028~0.036 mm。

5.3 轴支承定位方式及结构设计原则

轴支承结构的设计是机械结构中常见的设计问题,它的合理设计对产品的使用性能、质量和经济成本起着至关重要的作用。旋转运动的轴一般都由两个或两个以上相距一定距离的滚动(或滑动)轴承来支承,它的结构设计包括定位方式的确定、轴承的选型和布局以及轴和箱体上安装轴承部分的结构设计等内容。

轴支承结构设计的总体原则是:保证轴相对于箱体在径向及轴向的定位准确及固定,同时还要考虑结构的装配、拆卸、密封和润滑。

5.3.1 轴支承定位方式的设计原则

1) 轴向静定

机床主轴多以前、后两支承结构为主。下面以两支承结构为例,介绍轴支承定位方式的设计原则——轴向静定。

在轴支承结构设计时,所支承的轴在轴线方向上必须处于静定状态,即满足轴向静定的原则。也就是说,要求轴在轴线方向既不能有刚体位移,产生欠定位现象,也不能有阻碍轴自由伸缩的多余约束,使轴处于过定位状态。轴向静定原则是轴支承结构设计中最基本最重要的原则。

图 5-20 为轴支承结构处于欠定位状态的设计简图。图 5-20a 内深沟球轴承在箱体内没有轴向定位,故导致轴相对于箱体可以轴向移动;图 5-20b 内圆柱滚子轴承中的滚子在轴承内圈外圆柱面上没有轴向定位,也将导致轴会产生相对于箱体的位移。针对图 5-20 中两种不正确的轴支承结构,可分别改进设计成如图 5-21a、b 所示消除欠定位现象的轴支承结构。

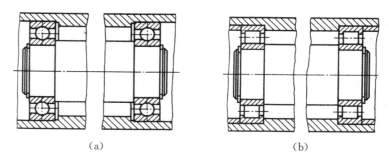

图 5-20　具有轴向刚体位移的轴支承结构

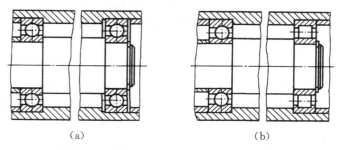

图 5-21　消除轴向刚体位移的轴支承结构

图 5-22 为轴支承结构处于过定位状态的设计简图。由该图可知,不论图 5-22a 还是图 5-22b 都对所有轴承的内、外圈在箱体和轴颈上设计了轴向约束,在这种结构设计下,由于轴支承结构在制造或装配过程中出现的误差,就会使轴在轴向方向上同时受到了左、右两个轴承的定位制约,而不能自由变形伸缩,因此产生附加轴向力,导致轴弯曲,最终影响设备的工作性能。针对图 5-22 中过定位的轴支承结构,可改进设计成如图 5-23 所示的轴支承结构。

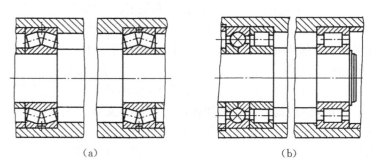

图 5-22　过定位轴支承结构

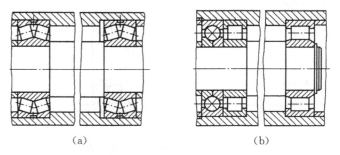

图 5-23　消除过定位状态的轴支承结构

在实际的轴支承结构中,由于受到各种因素的限制,并不一定总能实现理想的静定状态,少量的轴向刚体位移(欠定位)或附加轴向力(过定位)是不可避免的,但它们必须限制在工程允许的范围之内。

基于上述轴向静定原则,满足实际工程应用的轴支承方式主要有以下三种(以两支承为例):①一端定位支承方式;②两端定位—调隙支承方式;③两端定位—游隙支承方式。

(1)一端定位支承方式又称固定—松弛支承方式,该种方式用轴上某一端的轴承来定位约束轴沿轴向两个方向的移动,此轴承的支承称为固定支承,固定支承中的轴承在轴向上也是沿两个方向都不能移动的;而轴的另一端支承则在轴线双向上都是没有固定的,即可自由移动,这种支承称为松弛支承。一端定位支承方式符合理想的静定状态,它既无刚体位移,也可避免因制造误差、轴和箱体热变形量不相同等因素引起的附加应力,图5-21和图5-23中所示轴支承结构都属于此种支承方式。

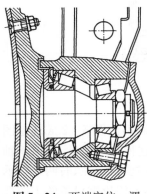

图5-24 两端定位—调隙支承方式

(2)两端定位—调隙支承方式是将轴在轴向两个方向的定位约束分别放置在轴两端的支承轴承上,如图5-24所示。这种支承方式常采用两个圆锥滚子轴承或两个角接触球轴承组成,这种轴承既能承受较大的径向力,也能承受较大的轴向力,通常用于径向和轴向均有外载荷的场合。装配时用螺母或者其他方法调节轴承套圈的轴向位置,通过轴向预紧保证所需的径向间隙。

由于此种支承方式下轴承的间隙可调,因此特别适合传动精度要求高的场合。一般情况下,此种支承方式下的轴无轴向刚体位移,但当轴的热膨胀比支承它的壳体热膨胀大时会引起附加的轴向力。通常可借助弹簧等调节件,平衡轴和壳体的变形差额,将附加的轴向力限制于允许的范围之内,以保证轴处于近似的静定状态。由于轴向间隙的调整量有限,因此两端定位—调隙支承方式一般不宜用于长轴。

(3)两端定位—游隙支承方式近似于两端定位—调隙支承方式,它也是将轴向的两个方向的定位约束分别安置在轴两端的支承上,但不同之处在于,两端定位—游隙支承方式中一个支承的轴向止推件和轴承套圈(通常为外圈)之间在装配时会留出一定的间隙 S,它限定了在不产生附加轴向力的前提下,轴的最大轴向刚体位移为 S,即当轴的热膨胀数值比支承它的壳体的热膨胀数值多 S 的量时,就会引起附加轴向力。这种支承方式可用于既有较大的径向和轴向载荷,又有较大的轴向变形差异的场合。显然,由于这种支承方式下会产生轴向位移,因此它的轴向支承精度不高。图5-25为两端定位—游隙支承方式的结构图。

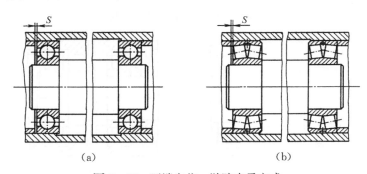

(a)   (b)

图5-25 两端定位—游隙支承方式

上述三种典型的支承方式在同一机器中可根据轴的工况同时出现,联合使用。图 5 - 26 是一个二级变速箱,3 根轴的支承方式各异,从左向右依次为:一端定位、两端定位—调隙和两端定位—游隙支承方式。

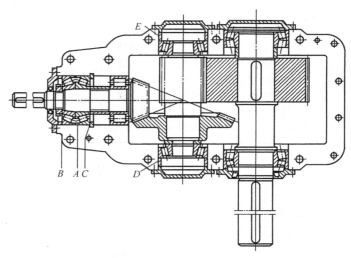

图 5 - 26　某变速箱轴支承结构

2) 各支承方式对比

一端定位支承方式还可以分为前端定位和后端定位两种形式,它们与两端定位轴支承结构的特点可归纳为如表 5 - 3 所示。

表 5 - 3　各轴支承方式对比

型式	示意图	承载支承	变形情况		间隙调整	主轴前端悬伸量	支承结构		应用范围
			发热变形	承载变形			前支承	后支承	
前端定位		前支承	前支承发热大、温升高,但主轴受热后向后伸长,不影响轴向精度	主轴承受轴向载荷部分较短,变形小,精度高	由于前支承结构限制,间隙调整较为不便	推力轴承在前支承两侧的较长,均在同一侧的可短	复杂	简单	对轴向精度和刚度要求较高的精密机床,如精密车床、铣床、坐标镗床及落地镗床等。但对前支承结构要求散热性能良好
后端定位		后支承	后支承发热小、温升低,但主轴受热后向前端伸长,影响轴向精度	主轴受压段较长,对细长主轴易引起纵向弯曲变形,精度较差	在后支承处调整间隙较方便	较短	简单	复杂	用于普通精度机床

（续表）

型式	示意图	承载支承	变形情况		间隙调整	主轴前端悬伸量	支承结构		应用范围
			发热变形	承载变形			前支承	后支承	
两端定位		前后支承	在支承跨距较大时，主轴受热伸长后有纵向弯曲，影响轴向间隙和精度	受轴向载荷较均匀，与热变形方向相反时较好，在间隙变化时，承载能力降低	可在后端一起调整整个间隙，尚方便	推力轴承在前支承外侧时较长	较简单	较简单	用于较短主轴、轴向间隙变化不影响正常工作的机床（如钻床等）；有自动补偿轴向间隙装置的机床

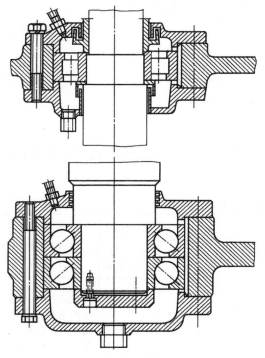

图 5-27　单向受力轴支承结构

3）特殊情况

当在任何工况下，轴所需承受的轴向外载荷主要都朝一个方向，其数值远远大于其他各种原因可能引起的轴向力时，在结构设计中可采用仅能承受单向力的轴承，但此轴承的装配方向必须和轴向力的方向相对应，如图 5-27 所示。此种定位支承方式下，虽然轴可以产生向上的轴向位移，导致欠定位问题，但考虑轴在实际运转过程中，在较大重力的作用下，这种情况是不会出现的，因此该轴支承结构设计可以保证轴的正常工作。

图 5-28 为车床尾架顶尖的装配结构，根据顶尖的工作状态可知，它始终承受向右的较大轴向力，而基本无向左的轴向力，因此为防止工作中意外可能发生的向左的轴向刚体位移，用紧配合的方法代替也是可行的方案。

5.3.2　轴支承结构设计原则

1）固定端支承必须能承受双向轴向力

在一端定位支承方式中，由于松弛端轴承在轴向完全自由，即不能承受任何轴向力，因此，限

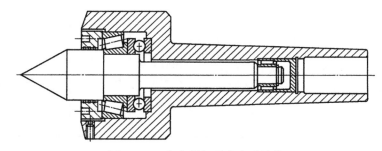

图 5-28　车床尾架顶尖支承结构

制双向轴向移动的固定端轴承(或轴承组)必须能承受正反双向的轴向力。如图 5 - 29a 所示,深沟球轴承(承受较小轴向力)、内外圈带折边的圆柱滚子轴承、成对使用的角接触球轴承和圆锥滚子轴承均可作为固定端支承;而图 5 - 29b 所示的滚针轴承等则不宜单独用作固定支承。图 5 - 30 为固定端选用成对使用的角接触球轴承的结构例图。

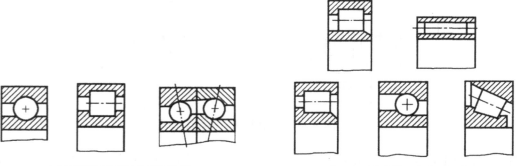

(a) 可单独做固定支承的轴承　　　　　　(b) 不可单独做固定支承的轴承

图 5 - 29　固定端轴承的选用对比

2) 固定端轴承的内外圈必须四面定位

在一端定位支承中,轴的双向轴向刚体位移是靠固定支承中的轴承同时限制的,因此固定端轴承的内外圈左右两侧 4 个面都必须设计适当的结构,以完成轴向定位任务,图 5 - 31 中轴右端起固定支承作用的深沟球轴承内、外圈左、右 4 个面的定位结构设计就遵守了这项原则。

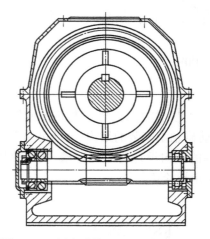 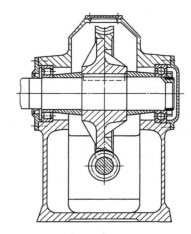

图 5 - 30　固定端轴承双向受力设计例图　　　**图 5 - 31**　固定端轴承四面定位设计例图

3) 松弛轴承保证轴的自由伸缩

在一端定位支承方式中,松弛端的轴支承结构设计应保证轴在轴向能完全自由伸缩,不承受任何轴向力,同时该轴承本身在轴向应保证定位可靠,不能游动,如图 5 - 32 所示。

4) 两端定位—调隙轴支承中设计调隙结构

两端定位—调隙轴支承结构中常采用圆锥滚子轴承或角接触球轴承,这类轴承的内外圈

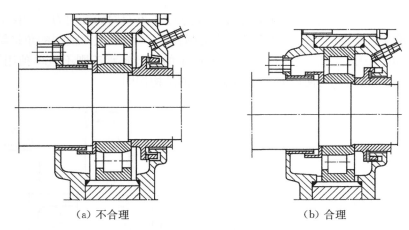

（a）不合理   （b）合理

图 5-32 松弛轴承结构设计例图

可以分离,安装时必须通过结构的调节,确定适当的轴承内外圈间的间隙,以保证设备的正常运转。图 5-33 为常用的修磨套筒调节方式。

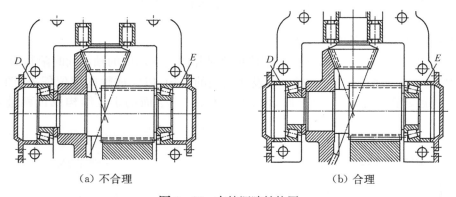

（a）不合理   （b）合理

图 5-33 套筒调隙结构图

5）便于轴承的装卸

轴支承结构设计要保证轴承安装拆卸的便利性。常见的措施是:轴承与箱体或轴颈的配合常采用小过盈的配合;在轴颈或箱体孔内不能设计妨碍轴承安装的结构;设计可用于装卸的结构,以利于装卸工具的使用。如图 5-34 所示,在轴的径向设计均布的短槽,便于拉拔工具拆卸轴承;或在箱体端面加工螺纹孔,以便安装轴承时用螺栓顶紧。

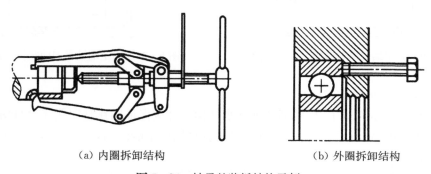

（a）内圈拆卸结构   （b）外圈拆卸结构

图 5-34 轴承的装拆结构示例

6）避免"双重配合"

所谓"双重配合"是指，一个零件在一个方向上起到了两次定位作用。通常这种情况下，两个定位作用不能同时保证，只能满足一个定位要求。如图 5-35a 图所示，轴承盖在水平方向由箱体端面定位，同时又对轴承外圈进行了轴向定位，由于箱体孔、轴承、轴承盖的加工误差，使得这两个定位不能同时满足，而产生了"双重配合"现象，要解决这个问题，通常是在轴承盖和箱体之间增加密封圈或密封垫片，如图 5-35b 中涂黑部分所示，以消除加工误差引起的定位重复问题。

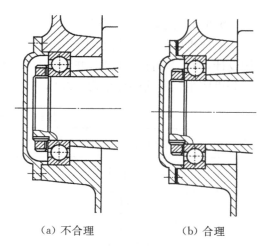

（a）不合理　　　　　（b）合理

图 5-35　双重配合结构示例

5.3.3　其他轴支承结构设计（三支承）

轴支承结构除了常用的两支承配置型式外，某些机械装备由于结构、功能等要求，导致轴前、后两个支承之间的支承跨距超出了合理范围，使得轴的旋转精度等指标下降时，在通过加大轴径和提高轴承刚度等措施来提高主轴组件的刚度和抗振性无效时，应考虑增设第三支承，形成前、中、后三支承结构。

在三支承结构中，由于制造工艺上的限制，要使箱体中三个支承座孔的轴线具有较高的同轴度是不经济的。因此，在保证主轴组件的刚度和旋转精度的前提下，通常只要两个支承起主要作用，而第三个支承起辅助作用，处于"浮动"状态。因此，三支承结构有两种类型：即以前、后支承为主，中间支承为辅和以前、中支承为主，后支承为辅。

上述两种三支承结构，对于三个安装轴承的箱体孔和主轴上三个支承轴颈同轴度的精度要求，前、后支承为主较前、中支承为主的要求稍宽，工艺上较易于做到。因为，在前、后支承为主的三支承状态下，当主轴不受力或受力较小时，中间轴承不起作用，轴承与相配件之间具有间隙；当主轴受力较大，使中间支承处的挠度较大时，轴才与中间支承接触而参加工作。

三支承结构中的辅助支承常采用刚度和承载能力较小的轴承，一般为深沟球轴承或向心圆柱滚子轴承。轴承套圈与轴颈或箱体孔的配合比主要支承松 1～2 级，保证轴承与相配件之间有一定的径向间隙，以削弱三孔轴线同轴度误差的影响。因此，三支承主轴对工艺的要求比二支承要高，如果制造和装配精度达不到要求，三支承的效果往往不如二支承，因此，选用时要考虑工艺水平对主轴性能和支承精度的影响。

三支承主轴轴承配置型式与两支承主轴相类似，其两个主要支承轴承的配置与表 5-1 所述情况基本相同。其中，两个主要轴支承的定位方式与结构设计同本章 5.3.1 节和 5.3.2 节所述原则。

5.4　主轴结构设计

主轴的结构形状主要决定于轴上所安装的传动件、轴承等零件类型、数量、位置和安装方法等，同时还应考虑主轴的加工和装配的工艺性。为了便于装配，常把主轴做成中空的阶梯轴。有些机床也借用主轴内孔通过棒料、工具、拉杆（包括刀具拉杆和自动卡盘拉杆）或取出顶尖等，例如卧式车床和铣床的主轴等。

5.4.1 主轴端部结构

根据机床的工作特点,主轴端部通常要安装刀具或工件,因此需对主轴的端部形式进行结构设计,为了节省设计时间,并保证刀具、夹具及工件在主轴上的定位准确和装卸方便,目前大部分机床主轴的前端部结构已经标准化。表5-4是通用机床常用的几种主轴前端部结构。

表5-4 常用主轴前端结构简表

编号	主轴前端部形式	应用	编号	主轴前端部形式	应用
1	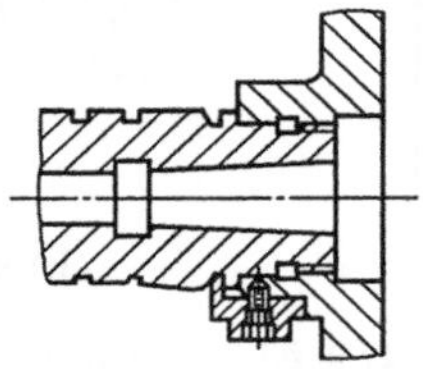	车床	5	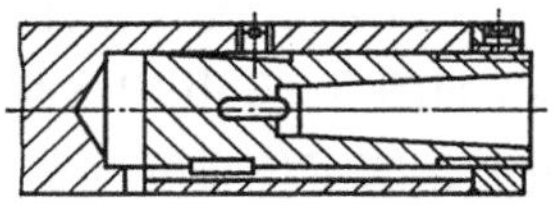	多轴钻床、组合机床
2	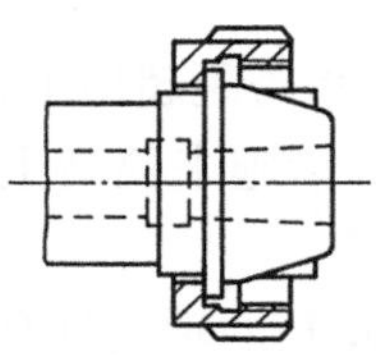	车床	6	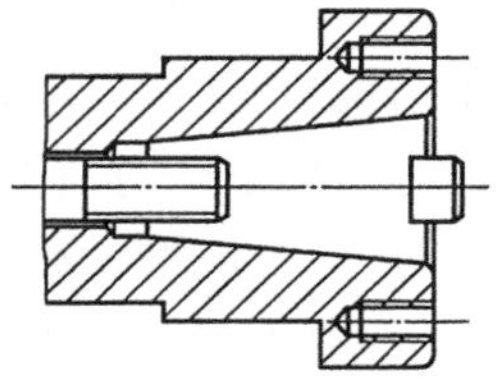	铣床
3	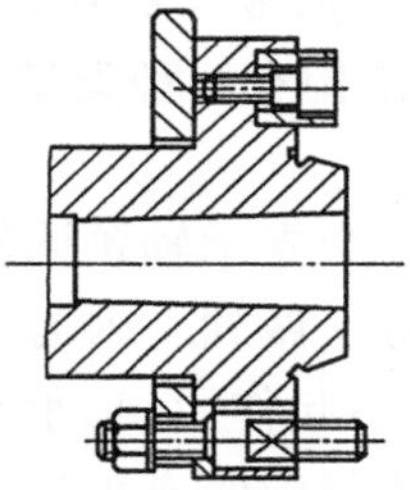	车床、六角车床、多刀车床、磨床头架及其他机床	7	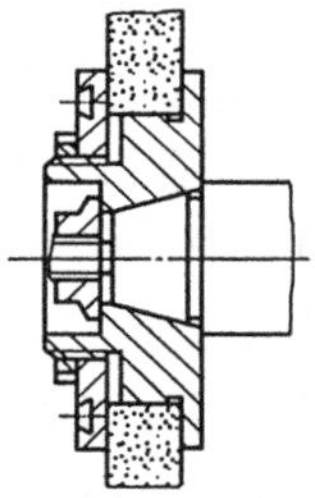	外圆磨床砂轮主轴
4	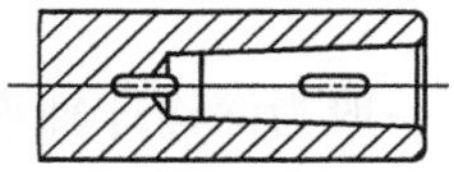	钻床、镗床	8	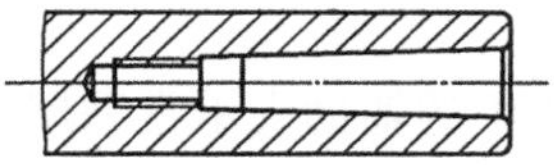	内圆磨床砂轮主轴

表5-4中第1种轴端结构适用于普通车床,主轴凸肩前面的圆柱面用做定位,螺纹部分用作紧固夹具,防松压爪用以防止主轴停转或倒转时夹具脱落,主轴前端的锥孔用于安装顶尖或心轴。这种轴端结构便于装卸夹具,但是主轴前端悬伸较大,圆柱面定位不能完全消除间隙,定位精度较低。这种轴端结构目前在新设计的车床上已逐渐淘汰。表中第2种主轴端部带有长锥,用作夹具的定位,转矩靠键传递,并用套在主轴上的圆环螺母将夹具夹紧,这种结构的定位精度和刚度较前一种高些,目前也用在普通车床上。第3种所示的轴端用前端的短锥定位,并靠端面键传递转矩。固定夹具的螺栓(通常为4个)预先旋紧在夹具(图中未画)上,然后将螺栓从主轴凸缘的孔中轴向穿入,再旋紧螺帽固定住夹具。这种连接方式的精度和刚度较高,夹具装卸方便,悬伸较小,常用在各种普通车床、六角车床、多刀车床的主轴和磨床头架的工件主轴上;这种轴端部结构用的比较广泛,它的缺点是制造稍复杂。第4种轴端结构带有莫氏锥孔,靠锥孔定位和后端的扁槽传递转矩,用在钻镗孔加工机床上;加工孔时有轴向力,而莫氏锥是自锁的,因此不需用拉杆拉紧刀具或镗杆。第5种轴端结构多用在组合机床上,主轴

内孔做成圆柱形,带锥孔的连接套可在主轴内孔内利用右端的螺母作轴向移动,以调整刀具的轴向位置。第 6 种轴端结构用在铣床上,锥孔通过与铣刀柄部的圆锥面配合定位安装铣刀,并用拉杆从主轴孔后面拉紧铣刀;在安装端铣刀时,由于刀盘直径较大,因此还需用螺钉固定;主轴前端装有端面键以传递转矩。由于不靠锥面的摩擦力传递转矩,为便于拆下锥柄,配合锥面的锥角较大,常用的锥度为 7：24。第 7 种轴端结构常用在外圆磨床砂轮主轴上,轴端用锥面定位以提高精度,锥度通常取 1：5。第 8 种轴端结构常用在内圆磨床砂轮主轴上,内圆磨头的安装采用莫氏锥定位,并通过锥孔底部的螺纹拉紧砂轮连接杆。

5.4.2　主轴结构参数设计

主轴的结构参数主要包括:主轴的平均直径 D(初选时先确定前轴颈直径 D_1);主轴内孔直径 d;主轴前端部的悬伸量 a 以及主轴支承跨距 L 等。确定主轴结构参数的一般步骤如下:

① 根据机床主电机功率或机床的主要参数,选取主轴前轴颈直径 D_1;

② 在满足主轴自身刚度的前提下,按照工艺要求确定主轴内孔的直径 d;

③ 根据主轴前端结构和前支承的结构形式,确定端部悬伸量 a;

④ 根据 D、a 和主轴的支承刚度 K_A、K_B,确定主轴支承跨距 L。

应当指出,主轴轴承的配置型式对主要结构参数的确定影响很大,故在设计过程中常需交叉进行,最终以主轴组件刚度等性能来衡量其设计的合理性。

1) 主轴直径 D_1 的选择

选用大的主轴直径,能有效地提高主轴刚度,并为增大孔径创造了条件。但加大直径除受到滚动轴承所允许的工作参数 $d \cdot n_{max}$ 的限制外(其中,d 为轴承内圈孔径,对于前支承 $d = D_1$,n_{max} 为轴承允许的最高转速),还会使与主轴相配的零件尺寸变大,导致整个主轴箱结构庞大。因此,为了提高主轴组件性能,宜在结构紧凑的原则下,选用较大的主轴直径。常用的方法有以下 2 种。

(1) 根据机床主电机功率确定。针对不同机床,可查阅主电机功率 P(kW)与主轴直径 D_1(mm)的统计曲线图,如图 5 - 36 所示,由此即可确定前轴颈直径 D_1。图中,区域 Ⅰ 适用于中等转速、中等以上载荷的机床主轴;区域 Ⅱ 适用于中等以上转速、中等以下载荷的机床主轴和三支承主轴。

(2) 根据机床主参数确定。根据手册可查出不同机床对应的主参数和主轴直径的经验关系表。表 5 - 5 为磨床主轴直径 D_1(mm)和主参数——最大加工直径 D_{max} 的关系表,据此,即可确定机床的主轴直径。

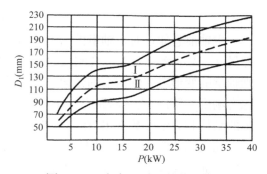

图 5 - 36　车床 P - D1 的关系曲线

表 5 - 5　磨床 D_1 和 D_{max} 的关系

D_{max}(mm)	200	320		500	大型专用外圆磨床	大型曲轴磨床
		万能	普通			
D_1(mm)	50～65	65	80	100	120	150

主轴前轴颈直径 D_1 和后轴颈直径 D_2 的关系,可由下面的经验公式给出,由此即可确定主轴后轴颈直径 D_2:

$$D_2 = (0.7 - 0.8)D_1$$

2)主轴内孔直径 d

主轴内孔直径在一定范围内,对主轴刚度的影响很小,可以不计,若超过此范围则能使主轴刚度急剧下降。主轴内孔直径与机床类型有关,一般主轴内孔直径受主轴后轴颈直径限制,不能太大。

由材料力学可知,刚度正比于截面惯性矩 I,它与直径之间有下列关系:

$$\frac{K_0}{K} = \frac{I_0}{I} = \frac{\pi(D^4 - d^4)/64}{\pi D^4/64} = 1 - \left(\frac{d}{D}\right)^4 = 1 - \varepsilon^4$$

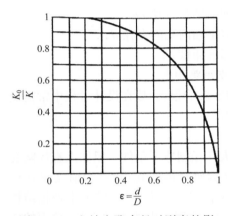

图 5-37 主轴内孔直径对刚度的影响曲线

式中,K_0,I_0——空心主轴的刚度和截面惯性矩;

K,I——实心主轴的刚度和截面惯性矩。

根据此式,可绘出主轴孔径 d 对刚度的影响曲线。如图 5-37 所示,当 $\varepsilon < 0.3$ 时,空心与实心截面主轴的刚度很接近;当 $\varepsilon = 0.5$ 时,空心主轴的刚度为实心主轴刚度的 90%,对刚度影响不大;$\varepsilon \geqslant 0.7$,则主轴刚度急剧下降,故一般应使 $\varepsilon < 0.7$。据统计,对于卧式车床,ε 通常取 $0.55 \sim 0.6$;对于六角、自动、半自动车床及卧式镗床镗杆主轴,ε 一般取 $0.6 \sim 0.65$。

3)主轴前悬伸量 a 和支承跨距 L

主轴前支承点至主轴前端的距离被称为前悬伸量,常用 a 表示。前、后支承轴承之间的距离被称为支承跨距,用 L 表示。

主轴前悬伸量对主轴组件的综合刚度影响很大。因此,在进行结构设计时,应尽量缩短悬伸量 a。支承跨距 L 对综合刚度的影响不是单向的。如 L 较大,则主轴变形较大;如 L 较小,则轴承的变形对主轴前端的径向位移影响较大,即支承跨距 L 太大或太小,都会降低主轴的综合刚度。所以,支承跨距有一个最佳值 L_0。通常最佳跨距和前悬伸量之比 L_0/a 可根据主轴的结构和力学参数求出,在前悬伸量由主轴结构确定后,即可算出最佳跨距。

如实际跨距小于 L_0,则综合刚度将急剧降低;如大于 L_0,则刚度降低是很缓慢的。所以实际跨距如不能等于 L_0,则宁大勿小,通常取 $L = (2 - 3)a$。

5.4.3 主轴传动件的布局

齿轮传动的主轴部件,由于传动件直接装在主轴上,使它传递的载荷直接由主轴承受。因此,合理布置传动件,可以减少主轴的弯曲变形,改善传动件和轴承的工作条件,增大主轴部件的抗振性。

表 5-6 是传动件处于主轴轴向不同位置时,其传动优缺点的分析表。如表中所示,驱动主轴的传动件位置,会影响主轴的变形和轴承受力的大小。而轴承受力的大小又将影响轴承的变形,进而导致主轴变形。通常,主轴部件的径向变形对加工精度影响最大,因此表中按径向进行分析。表中 1 图为传动力产生的载荷 Q,与切削力 F 同向,这时 Q 和 F 造成的主轴弯

曲变形方向相反,主轴总变形较小。但该状态下,前轴承处的径向支反力为 Q 和 F 的叠加,因而前轴承的受力较大,因此产生的变形也较大。这样的布局适合于轴承刚度和承载能力较大的场合;而表中 2 图正好相反,这时主轴的总变形较大,但轴承因支反力较小而变形较小。这样的布局适用于主轴刚度较高的场合;3 和 4 图的传动齿轮均放置在主轴后轴承之后的主轴后悬伸端,有利于实现分离传动和模块化设计,便于在主轴结构设计中使主轴前后支承跨距保持最佳值;5 图的情况前轴承受到的支反力和轴端挠度都较小,但由于构造上较难实现,一般只能在某些大型卧式车床和立式车床上采用,这时主轴的从动大齿轮通常装在花盘的背面。

表 5-6　传动件轴向位置布置形式

传动作轴向位置	传动力 Q 方向	序号	简　图	特　点	应用范围
在跨距之间	Q、F 同向	1		能减小主轴弯曲变形,但增加了前支承受力 适用于轴承刚度和承载能力大的,或受力较小,精度要求较高的主轴。传动件放在节点[①]之后,能使 Q、F 引起的轴端位移部分抵消,不计算节点时传动件应靠近前支承	大多数车、铣、镗、钻床
	Q、F 反向	2		增大了主轴弯曲变形,但能减小前支承受力 适用于主轴本身较粗、刚度较高、精度要求不很高的主轴 传动件放在节点之前,能使 Q、F 引起的轴端位移部分抵消,或传动件尽量靠近前支承	一般通用机床
在尾端	Q、F 同向	3		主轴受力情况不好,弯曲变形大,但支承受力较小 适用于载荷小的主轴 恰当选择 Q 的位置和支承跨距,能使轴端位移部分抵消,通常使传动件尽量靠近后支承	普通外圆磨床砂轮主轴
	Q、F 反向	4		能减小主轴弯曲变形,但增加了支承受力,且 F、Q 引起的轴端位移叠加 适用于轴承刚度大,受力较小,精度要求较高的主轴 传动件应尽量靠近后支承	内圆和外圆磨床等砂轮主轴
在悬伸端	Q、F 反向[②]	5		能减小主轴弯曲变形和支承受力,轴端位移也能部分抵消,但结构上较难实现,且主轴悬伸量大 传动件应尽量靠近前支承	少数重型机床

注:① 节点是指在轴端 F 力作用下主轴挠度曲线与原轴线之交点,故节点处位移为零。反之,将 Q 力作用在节点时,轴端 F 处的位移也为零。
　② 当传动件在悬伸端时,不采用 Q、F 同方向布置,因此时主轴弯曲变形、支承受力和轴端位移都很大。

　　此外,为了减少主轴的扭转变形,齿轮应布置在靠近主轴前轴承的位置上。这时主轴上传递转矩的部分较短,因而扭转变形也较小。如果主轴上装有大、小两个齿轮,应使大齿轮靠近前轴承,这是因为大齿轮用于低速传动,产生的载荷较大。

5.5 主轴组件结构实例

主轴组件的结构设计好坏直接影响各类机械装备的工作性能,本节将根据主轴的旋转速度和承受载荷的情况,从轴支承定位方式、调隙结构、力的传递路线等方面对主轴组件的结构设计进行分析。

5.5.1 中速、重载主轴组件

这类主轴的前支承通常采用双列向心短圆柱滚子轴承或圆锥滚子轴承,现分述如下。

1) C7620 型多刀半自动车床主轴组件

根据多刀半自动车床的工作状态,其主轴承受的主要载荷来自主轴端部的切削力,它可分解为径向力和轴向力,其中,主轴承受的指向主轴前端的轴向力则较小,且该机床的转速不高,故如图 5-38 所示,该主轴前支承轴承采用的是双列短圆柱滚子轴承,后支承采用了圆锥滚子轴承和推力球轴承组合的方式,该轴支承的定位方式为一端定位,且定位端在主轴的后端。

该轴支承结构中,推力轴承位于后支承,结构简单,对于精度要求不太高的机床是合适的。该轴支承结构中,前端的双列短圆柱滚子轴承承受径向载荷,而推力轴承和圆锥滚子轴承分别承受两个方向的轴向载荷,其轴向力的传递路线可分别表示如下。

向左:轴上轴肩—推力球轴承—法兰—箱体;

向右:轴—螺母 1—套筒—甩油环—圆锥滚子轴承内圈—滚子—圆锥滚子外圈—法兰—箱体。

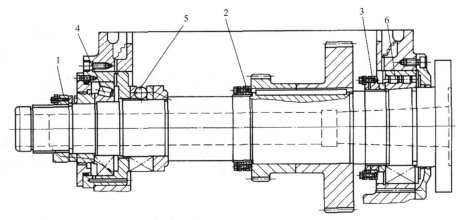

图 5-38 C7620 型车床主轴组件结构装配简图

1~3—螺母;4—圆锥滚子轴承;5—推力轴承;6—双列滚子轴承

该支承结构中使用的轴承均需要调隙,其中,前轴承的间隙靠螺母 3 调整内圈在主轴圆锥轴颈上的位置,从而调整轴承的预紧量;后支承中的两个轴承的间隙靠螺母 1 调整。

2) X52K 型立式铣床主轴组件

该机床的工作状况与前一种相近,但转速较高。如图 5-39 所示,其前轴承仍采用的是双列短圆柱滚子轴承,后轴承因主轴的最高转速已经接近推力轴承允许的极限转速,而改用两个角接触轴承,即承受径向载荷又分别承受两个方向的轴向载荷,该轴支承的定位方式为后端定位。

该机床主轴 4 装在套筒 3 中,受结构限制不能像 C7620 型车床那样用螺母调整主轴前轴承的间隙,而是通过修磨垫圈 5 和拧紧螺母 1,使主轴向上提,经锥面把前轴承的内圈胀大来调整前轴承间隙的。为了便于修磨,垫圈 5 是剖分的,装上后用螺钉 6 固定在主轴上,以防止旋转时飞脱。后支承处两个角接触球轴承的间隙,靠修磨垫圈 2 的厚度来调整。

该轴支承结构中轴向力的传递路线可分别表示如下。

向上:轴上轴肩—圆柱滚子轴承内圈—长套筒—角接触球内圈—短套筒 2—角接触球轴承内圈—滚动体—外圈—端盖—箱体;

向下:轴—螺母 1—套筒—角接触球内圈—套筒—内圈—滚动体—外圈—箱体。

3) T649 型卧式镗铣床主轴组件

该机床结合了镗削和铣削两种功能于一体,加工效率更高。如图 5-40 所示,机床主轴由空心的铣主轴 3 和镗主轴 2 套装在一起,前支承采用两个面对面布置的圆锥滚子轴承,既承受径向力,又承受两个方向的轴向力,且轴承的面对面布置使得前支承靠近主轴端部,有利于增加主轴部件的刚度,提高镗削精度。为便于调整间隙,后支承也采用了一个圆锥滚子轴承。该轴支承的定位方式为前端定位。

前支承处两个圆锥滚子轴承的间隙靠修磨内圈之间的隔套 7 来调整,并由铣主轴 3 上的螺母锁紧防松,结构较简单。该主轴部件采用圆锥滚子轴承支承,在结构上比用双列短圆柱滚子轴承加推力轴承简单,但发热量较大,允许的极限转速也比较低。

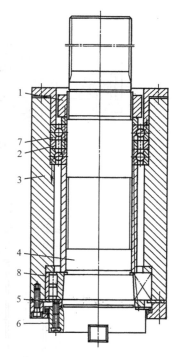

图 5-39 X52K 型立式铣床主轴组件结构装配简图

1—拧紧螺母;2—修磨垫圈;
3—主轴套管;4—主轴;5—垫圈;
6—螺钉;7—角接触球轴承;
8—双列滚子轴承

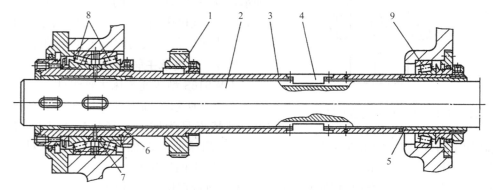

图 5-40 T649 型卧式镗铣床主轴组件结构装配简图

1—齿轮;2—镗主轴;3—铣主轴;4—键;5、6—套筒;7—隔套;8—圆锥滚子轴承;9—圆锥滚子轴承

5.5.2 高速、轻载主轴组件

内圈磨头的转速较高,因此常采用角接触球轴承。如图 5-41 所示,砂轮接长轴装在主轴内,用锥孔底部的螺纹连接拉紧。因为砂轮受力点离前轴承的距离较长,所以前后各采用了两个角接触轴承并列使用,大端向外背靠背放置,获得了较高的支承刚度。该轴承的支承定位方

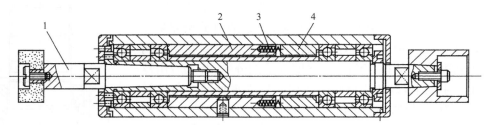

图 5 - 41　内圆磨头主轴组件结构装配简图

1—接长轴；2—套筒；3—弹簧；4—垫圈

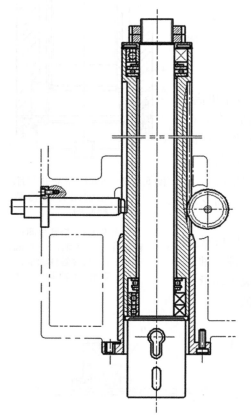

图 5 - 42　钻床主轴组件结构装配简图

式为两端定位—调隙。

　　两个轴承的内、外环之间各有一隔套，修磨它们的厚度，就可使两个轴承均匀受力。套筒 2 靠止动销定位，右端用弹簧顶住垫圈 4，使两个后轴承外环始终受弹簧的推力，保持一定的预加载荷。如主轴运转发热而略有伸长，也能自动消除间隙而使预加载荷的大小基本保持不变。

5.5.3　以轴向力为主的主轴部件

　　这种受力状态在钻床主轴部件中最为常见。图 5 - 42 为 Z3040×16 型摇臂钻床的主轴部件。钻床主轴受较大的轴向力，因此轴向支承采用特轻型推力球轴承，靠螺母调整轴承间隙，卸下螺母就可以拆卸主轴，采用特轻型轴承的原因是可以减少径向尺寸，避免使主轴套筒太粗；该主轴承受的径向力相对较小，且钻削精度要求不高，因此径向轴承可用深沟球轴承，不必预紧，前支承的径向力和轴向力都比后支承大，所以该机床前支承径向用两个深沟球轴承。该主轴的支承定位方式为两端定位—调隙。

5.5.4　三支承主轴组件

1) CW6163 型普通车床主轴组件

　　图 5 - 43 所示主轴组件结构在一般车床中较为常见。其特点是为增加长径比较大主轴的支承刚性，提高加工精度，该主轴组件在中间部位增设了深沟球轴承 3，然而该中间支承对主轴不起主要定位作用，属浮动支承，而该主轴的主要支承分别由前后轴承承担，属三支承中的前后支承为主，中间支承为辅的类型，它的支承定位方式是前端定位，后端松弛。

　　该主轴前后支承中均采用双列向心短圆柱滚子轴承承受径向力，前轴承调整间隙和预紧时先将螺母 10 松开，然后转动螺母 4，使套 8 相对主轴向右推动轴承内圈，以消除间隙，后轴承间隙用螺母 1 调整。两个推力球轴承 6 和 7 位于前支承中，分别承受两个方向的轴向力，推力球轴承用螺母 5 调整间隙。前支承中的径向轴承和推力轴承的间隙采用分别调整的方法，使它们的预紧量互不影响，提高了主轴的工作性能。该结构一般适用于轴颈直径在 100 mm 以上的场合。

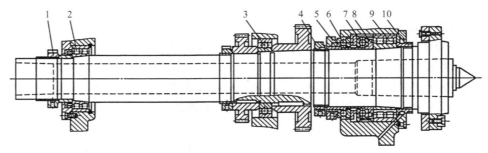

图 5－43 CW6163 型普通车床主轴组件结构装配简图

1、4、5、10—螺母；2—双列滚子轴承；3—深沟球轴承；6、7—推力球轴承；8—套；9—双列滚子轴承

2）CK6150 型数控车床主轴组件

图 5－44 所示是 CK6150 型数控车床主轴组件结构装配图，它是以前、中支承为主、后支承为辅的三支承结构。前、中支承均采用圆锥滚子轴承，为面对面布置，承受切削力和齿轮传动产生的大部分载荷。蝶形弹簧用以控制预紧力并补偿热膨胀。后支承则采用一个深沟球轴承，该轴承为辅助支撑，轴在孔内轴向浮动，不需定位。该主轴的定位支承方式为两端定位—调隙。

该轴支承结构的优点是前、中轴承的跨距较短，比较接近轴支承的最佳跨距。但前、中轴承受力后的径向位移对加工精度影响较大，故对轴承的精度和刚度以及精度的保持性要求较高，对孔、轴的加工工艺要求也较高。

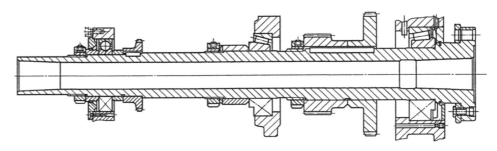

图 5－44 CK6150 型数控车床主轴组件结构装配简图

在三支承结构设计中，三个轴承只能对两个主要支承设计预紧结构，而辅助支承的轴承必须保持一定的游隙，不能预紧。

思考与练习

1. 主轴组件的设计应满足哪些基本要求？

2. 选择主轴轴承配置型式时，应满足哪些主要要求？

3. 主轴的传动常采用哪些方式，各有何特点？

4. 滚动轴承间隙调整的方法常用的有哪几种？调整螺母的防松常用哪些结构？

5. 试分析主轴前轴承的精度通常比后轴承高一级的原因。

6. 试述短三瓦滑动轴承的工作原理。该轴承能否用于精密车床主轴，为什么？

7. 试述液体静压轴承的工作原理和主要优、缺点。

8. 符合轴向静定原则的主轴定位支承方式有哪三种？试简述各支承方式的特点。

9. 常用轴承中，哪些轴承可以单独用作固定支承，哪些必须成对使用才能作为固定支承，哪些不可作为固定支承？

10. 试分析图 5 – 45 所示某车床主轴结构中，轴承间隙的调整方法、螺母的防松方式、主轴的定位支承方式及主轴受到双向轴向力时力的传递路线。

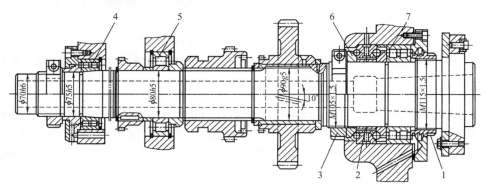

图 5 – 45 某车床主轴组件结构装配图

第 6 章

支承件与导轨设计

◎ **学习成果达成要求**

　　支撑件和导轨的性能影响机械装备整体性能，正确地进行支承件和导轨的结构设计对提高装备整体性能的基础，具有重要意义。

　　学生应达成的能力要求包括：

　　1. 能针对具体的机械装备，设计、选择合理的支承件结构。

　　2. 能够结合设计条件，正确地选择导轨结构及其组合形式。

《《《

　　机械装备中支承件和导轨一般具有很大的整机重量占比，一台机床支承件和导轨的重量可占其总重量的 80%～85%，同时支承件和导轨的性能直接影响整机性能。因此，应正确地进行支承件的结构设计和导轨的配置。

6.1　支承件的设计要求与材料

　　机床的支承件包括床身、立柱、横梁、摇臂、箱体、底座、工作台、升降台等。这些件一般都比较大，称为机床大件。它们相互连接，构成机床基础和框架，支承机床工作部件。机床上的其他零部件可以固定在支承件上，或者工作时在支承件的导轨上运动。在切削时，刀具与工件之间相互作用力沿着大部分支承件逐个传递并使之变形，机床的动态力使支承件和整机产生振动。支承件的主要作用是承受各种载荷及热变形，并保证机床各零件之间的相互位置和相对运动精度，从而保证加工质量。因此，支撑件设计是机床设计的重要环节之一。

6.1.1　支承件的设计要求

　　支承件应满足的基本要求如下。

　　(1) 足够的静刚度和较高的固有频率。支承件的静刚度包括整体刚度、局部刚度和接触刚度。如卧式车床床身，载荷如图 6-1 所示，通过支承导轨面施加到床身上，会使床身产生整体弯曲和扭转变形。

　　支承件的整体刚度又称为自身刚度，与支承件的材料以及截面形状、尺寸、筋板布置等参数有关。局部刚度是指支承件载荷集中的局部结构处抵抗变形的能力，如床身导轨的刚度(如图 6-2a 所示)，主轴箱在主轴轴承孔处附近部件的刚度(如图 6-2b 所示)，摇臂钻床的摇臂在靠近立柱处的刚度以及底座安装立柱部位的刚度(如图 6-2c 所示)等。接触刚度是指支承

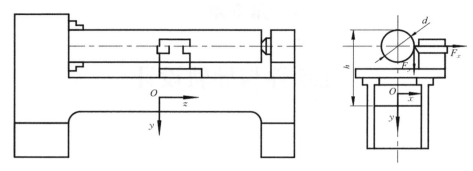

图 6-1 卧式车床床身静力分析简图

件的结合面在外载作用下抵抗接触变形的能力,接触刚度 K_j 用结合面的平均压强 P 与变形量 δ 之比表示:

$$K_j = \frac{P}{\delta} \qquad (6-1)$$

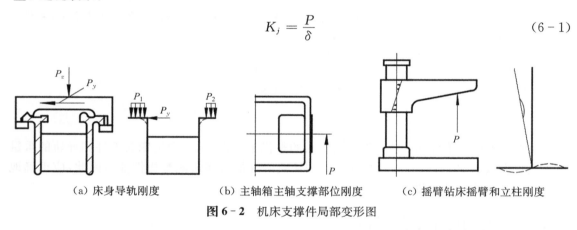

(a)床身导轨刚度　　　　(b)主轴箱主轴支撑部位刚度　　　(c)摇臂钻床摇臂和立柱刚度

图 6-2 机床支撑件局部变形图

接触刚度 K_j 不是一个固定值,如图 6-3 所示,P 与 δ 的关系是非线性的。K_j 与接触面之间的压强有关:当压强很小时,两个面之间只有少数高点接触,接触刚度较低;压强较大时,这些高点产生了变形,实际接触面积扩大了,接触刚度也提高了。考虑到非线性,接触刚度应更准确地定义为:

$$K_j = \frac{\mathrm{d}P}{\mathrm{d}\delta} \qquad (6-2)$$

由此可知,接触面的表面粗糙度、微观不平度、材料硬度、预压压强等因素对接触刚度的影响都很大。

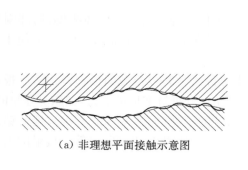

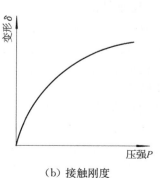

(a)非理想平面接触示意图　　　　　　　(b)接触刚度

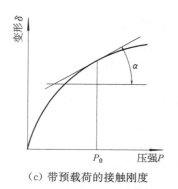
（c）带预载荷的接触刚度

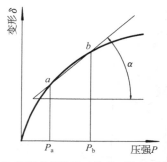
（d）带预载荷的活动接触面接触刚度

图 6 - 3　接触刚度

支承件的固有频率是刚度 K 与质量比值 m 的平方根：

$$\omega_0^2 = \frac{K}{m}(\text{rad/s}) \tag{6-3}$$

当激振力（如断续切削力、旋转零件的离心力等）的频率 ω 接近固有频率时，支承件将产生共振。设计时应使固有频率高于激振频率的 30%，即 $\omega_0 > 1.3\omega$。由于激振力多为低频，故支承件应有较高的固有频率。在满足刚度的前提下，应尽量减小支承件的质量。另外，支承件的质量往往占机床总质量的 80% 以上，固有频率在很大程度上反映了支承件的设计合理性。

（2）良好的动态特性。为了提高机械结构的动态性能，可提高结构的位移阻抗（动刚度）和阻尼，以抑制振动幅度；与主传动系统、进给传动系统等部件相配合，使整机的各阶固有频率远离激振频率，在切削过程中不产生共振；结构的薄壁面积应小于 400 mm×400 mm，避免薄壁结构振动产生噪声等。

（3）热稳定性好。热变形小，热变形后对机床加工精度影响较小。

（4）结构性好。排屑畅通；工艺性好，易于制造，成本低；吊运、安装方便。

6.1.2　支承件的材料

支承件常用的材料有铸铁、钢板和型钢、铝合金、预应力钢筋混凝土、非金属材料等；其中最常用的材料为铸铁和钢。

1）铸铁

一般支承件用灰铸铁制成，在铸铁中加入少量合金元素可提高其耐磨性。如果导轨与支承件为一体，则铸铁牌号根据导轨要求选择。如果导轨是镶装上去的，或者支承件上面没有导轨，则支承件的材料一般可选 HT100、HT150、HT200、HT250、HT300 等，还可以用 QT450 - 10、QT800 - 02 等。

铸铁的铸造性能好，容易获得复杂结构的支撑件。同时铸铁的内摩擦力大，阻尼系数大，使振动衰减性能好。但铸造需要做模型，制造周期长，仅适于成批生产。铸铁或者焊接中的残余应力将使支承件产生蠕变，因此必须进行时效处理，时效最好在粗加工后进行。铸铁在 450 ℃ 以上的内应力作用下开始变形，超过 550 ℃ 则硬度将降低。因此，热时效处理应在 530～550 ℃ 进行，这既能消除内应力，又不降低硬度。

2）钢板和型钢

用钢板和型钢等焊接的支承件，其制造周期短，可做成封闭件，不像铸件那样要留出沙孔，

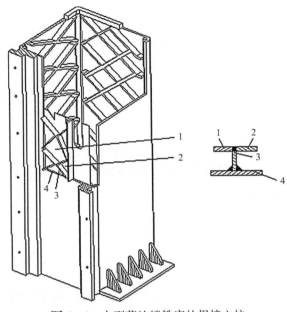

图 6-4 大型落地镗铣床的焊接立柱

1、2、4—立柱壁板；3—筋板

而且可根据受力情况布置筋板来提高抗扭和抗弯刚度。如图 6-4 所示，大型落地镗铣床的焊接立柱。由于钢的弹性模量约为铸铁的两倍，当刚度要求相同时，钢焊接的壁厚仅为铸铁的一半，使质量减小、固有频率提高。如果发现结构有缺陷，如刚度不够，焊接件可以补救。但焊接结构在成批生产时，成本比铸件高；因此，多用在大型、重型机床和自制设备等小批生产中。

钢板焊接结构的缺陷是钢板材料内摩擦阻尼约为铸铁的 1/3，抗振性较铸铁差，为提高机床抗振性能可采用提高阻尼的方法来改善钢板焊接结构的动态性能。

钢制焊接结构的时效温度较高，为 600～650 ℃。普通精度机床的支承件进行一次时效就可以了，精密机床最好进行两次，即粗加工前、后各一次。

3）铝合金

铝合金的密度只有铁的 1/3，有些铝合金还可以通过热处理进行强化，提高铝合金的力学性能。对于有些对总体质量要求较小的设备，它的支承件可考虑使用铝合金。常用牌号有 ZAlSi7Mg、ZAlSi2Cu2Mgl 等。

4）预应力钢筋混凝土

近年来预应力钢筋混凝土支承件（主要为床身、立柱、底座等）有相当发展，其特点是刚度高、阻尼比大、抗振性能好、成本低；缺点是脆性大、耐腐蚀性差，为了防止油对混凝土的侵蚀，表面应喷涂塑料或者喷漆处理。

5）非金属材料

非金属材料主要有混凝土、天然花岗岩等。

混凝土刚度高，具有良好的阻尼性能，阻尼比是灰铸铁的 8～10 倍，抗振性能好，弹性模量是钢的 1/15～1/10，热容量大，热传导率低，导热系数是铸铁的 1/40～1/25，热稳定性高，其构件热变形小；密度是铸铁的 1/3，可获得良好的几何形状精度，表面粗糙度值也较低，成本低。其缺点是力学性能差，但可以预埋金属或添加加强纤维。适用于受载面积大、抗振要求高的支承件。

天然花岗岩导热系数和膨胀系数小、精度保持性好、抗振性好、阻尼系数比钢大 15 倍、耐磨性比铸铁高 5～6 倍、热稳定性好、抗氧化性强、不导电、抗磁、与金属不粘合、加工方便，通过研磨和抛光容易得到较高的精度和很低的表面粗糙度。图 6-5 所示为花岗岩床身及测量平台。

图 6-5 花岗岩床身及测量平台

6.2　支承件的结构设计

机床支承件不仅本身自重大,而且其性能对整机性能的影响很大。因此,应该正确地进行支承件的结构设计。首先,根据其使用要求进行受力分析,再根据所受的力和其他要求,并参考现有机床的同类型件,初步确定其形状和尺寸。然后,可以利用计算机进行有限元分析,求得其静态刚度和动态特性;并可在此基础上,针对特定的性能目标,进行结构优化,得出最佳结构方案。

6.2.1　支承件的静力分析

分析支承件的受力必须首先分析机床的受力。机床根据其所受的载荷特点,可分为三大类。

1) 中、小型机床

中、小型机床的载荷以切削力为主。工件的质量、移动部件质量(如车床的刀架)等相对较小,在受力和变形分析时可忽略不计(例如车床刀架从床身的一端移至床身中部时,引起的床身弯曲变形的变化可忽略不计)。中型普通车床、铣床、立式钻床、摇臂钻床等都属于这一类。

2) 精密和高精度机床

精密和高精度机床以精加工为主,切削力较小。载荷以移动部件的重力和热应力为主。例如双柱立式坐标镗床,分析横梁受力和变形时,主要考虑主轴箱从横梁的一端移至中部所引起的横梁弯曲和扭转变形。

3) 大型机床

大型机床工件较重,切削力大,移动部件也较大。因此,载荷必须同时考虑重力、切削力和移动部件的重力。例如重型车床、落地镗铣床和龙门式机床等。

下面以摇臂钻床为例,分析中、小型普通机床及其主要支承件的受力和变形。

摇臂钻床的受力状况如图 6 - 6a 所示。主要支承件是底座 1、立柱 2 和摇臂 3。这里主要分析立柱和摇臂。

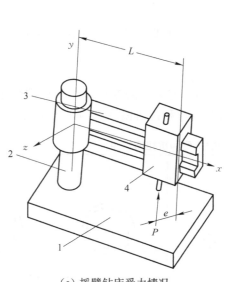

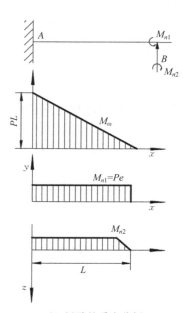

（a）摇臂钻床受力情况　　　　　　　（b）摇臂的受力分析

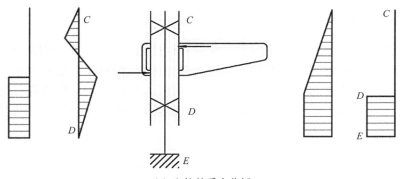

（c）立柱的受力分析

图 6-6 摇臂钻床受力分析

1—底座；2—立柱；3—摇臂

摇臂和立柱都可以简化为一端固定的悬臂梁。摇臂的受力分析见图 6-6b。钻削时，主轴受轴向进给力 P，使摇臂受到 xy 面内的弯矩 M_ω 而产生弯曲变形。因为主轴偏离摇臂中性轴的距离为 e，所以同时又产生绕 x 轴的转矩 $M_{n1} = Pe$，使摇臂扭转变形。主轴上的钻削转矩 M_{n2} 作用于摇臂，使它在 xz 面内弯曲。但 M_{n2} 产生的 xz 面内的弯矩，比 xy 面内弯矩 M_ω 的最大值 PL 小得多，因此，摇臂的变形，主要是竖直面（xy 面）内的弯曲变形和绕 x 轴的扭转变形。

立柱分为内、外两层，其简图见图 6-6c。摇臂上的 M_ω 和 M_{n1} 分别使外立柱在 xy 面和 yz 面内产生弯曲变形。由于摇臂与外立柱仅在上下两圈处接触，作用于外层的载荷可近似地看作是由两个集中力组成的力偶，所以外柱 xy 面和 yz 面内弯矩图的形状应都如图 6-6c 左图所示。M_{n2} 使外柱产生扭转变形，变形发生在摇臂与外柱接触下的下端到内外柱夹紧部件（在外柱的底部）之间。通常，M_{n2} 造成的立柱扭转变形不大，可以忽略。

内柱的受力情况与外柱相似，也是 xy 面和 yz 面内弯曲和从内外柱加紧点到根部之间的扭转。产生扭转的扭矩不大，又作用于最粗的根部，所以可以忽略。

综上所述，内、外立柱都以弯曲变形为主。

摇臂和立柱的变形都将影响所钻各孔的位置，各孔中心线的平行度和对基准面的垂直度，故设计时应加以控制。

6.2.2 支承件的形状选择原则

如前所述，支承件承受的主要是弯曲和扭转载荷，支承件的变形是与截面惯性矩有关的。截面积近似为 10 000 mm² 的八种不同截面形状的抗弯和抗扭惯性矩的比较见表 6-1。

表 6-1 不同截面形状的抗弯和抗扭惯性矩

序　号	1	2	3	4
截面形状	φ113	φ113 φ160	φ160 φ196	φ160 φ196

（续表）

序 号		1	2	3	4
抗弯惯性矩	cm⁴	800	2 416	4 027	—
	%	100	302	503	—
抗扭惯性矩	cm⁴	1 600	4 832	8 054	108
	%	100	302	503	7
序号		5	6	7	8
截面形状		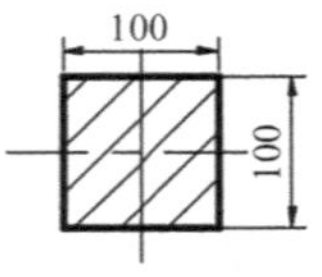 100×100	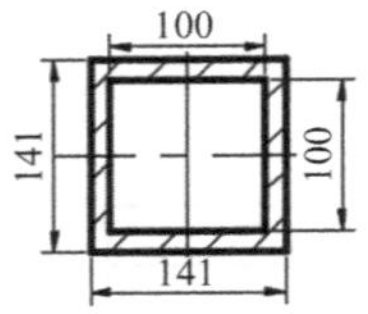 100/141×100/141	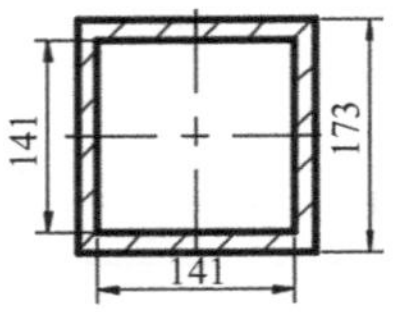 141/173×141	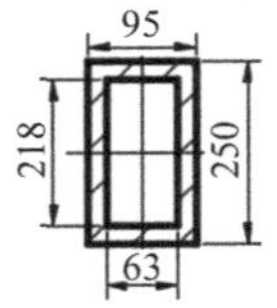 95/63×218/250
抗弯惯性矩	cm⁴	833	2 460	4 170	6 930
	%	104	308	521	866
抗扭惯性矩	cm⁴	1 406	4 151	7 037	5 590
	%	88	259	440	350

比较后得出结果如下：

（1）空心截面的惯性矩比实心的大。加大轮廓尺寸，减小壁厚，可大大提高刚度（表中 1、2、3 和 5、6、7）。因此，设计支承件时总是使壁厚在工艺可能的前提下尽量薄一些。一般不用增加壁厚的办法来提高刚度。

（2）方形截面的抗弯刚度比圆形的大，而抗扭刚度则较低（表中 5 与 1 对比）。因此如果支承件所承受的主要是弯矩，则截面形状以方形和矩形为佳。矩形截面在其高度方面的抗弯刚度比方形截面的高，但抗扭刚度则较低（表中 7、8）。因此，以承受一个方向的弯矩为主的支承件，其截面形状常取为矩形，以其高度方向为受弯方向，如龙门刨床的立柱。如果弯矩和扭矩相当大，则截面形状常取为正方形，如镗床和滚齿机的立柱。

（3）不封闭的截面比封闭的截面，刚度显著下降。特别是抗扭刚度下降更多（表中 4 与 3 对比）。因此，在可能条件下，应尽可能把支承件的截面做成封闭的框形。实际上，由于排屑、清砂、安装电器件、液压件和传动件等，往往很难做到四面封闭，有时甚至连三面封闭都难以做到，例如中小型车床床身。

6.2.3 提高支承件刚度的措施

空心床身铸造时必须考虑安装型芯和清砂，从铸造工艺考虑，支承件的截面也不能完全封闭；为减少机床占地面积，使结构紧凑，床身、主轴箱等支承件中要安装电器元件、液压元件和传动装置等零部件，从性能考虑，支承件的截面也不能完全封闭；卧式机床床身由于考虑排屑、切削液回流，中间部分往往不能上下封闭。支承件不封闭的部位，将存在刚度损失，必须进行补偿。导轨支承工作部件，并为其导向，因而导轨刚度要求高，壁厚相对较大，导轨与床身的连接部位除要求平滑过渡、防止应力集中外，还应加强过渡连接处的局部刚度。另外，箱体的轴承孔处也应有提高刚度的措施。

1）采用隔板和加强肋

连接外壁之间的内壁称为隔板，又称肋板。隔板的作用是将局部载荷传递给其他壁板，从而使整个支承件能比较均匀地承受载荷。因此，支承件不能采用封闭截面时，应采用隔板等措施加强支承件的刚度。

纵向隔板能提高抗弯刚度，如图6-7所示，当纵向隔板的高度方向与载荷 F 的方向相同时，增加的惯性矩为 $\frac{1}{12}h^3b$；当纵向隔板的高度方向与作用力 F 的方向垂直时，增加的惯性矩为 $\frac{1}{12}hb^3$。由于 $l \gg b$，所以纵向隔板的高度方向应垂直于弯曲面的中性层。

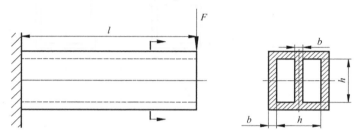

图6-7　支承件的纵向隔板

横向隔板能提高抗扭刚度。如图6-8所示，方框形截面（ $h=b$ ）悬臂梁的长度为 l， $l=2.62h$，无横向隔板时的相对抗扭刚度为1；当增加端面横向隔板1时，抗扭刚度为4，即抗扭刚度提高3倍；均匀布置3条横向隔板后，抗扭刚度为8，即抗扭刚度提高7倍。一般情况下，横向隔板的间距 $l_1=(0.865 \sim 1.31)h$。

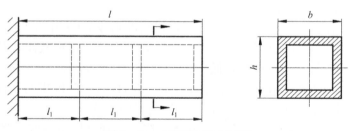

图6-8　支承件的横向隔板

斜向隔板既能提高抗弯刚度，又能提高抗扭刚度。可将斜向隔板视为折线式或波浪形的纵向隔板，隔板和前后壁每连接一次，形成一个横隔板，即斜隔板是由多个横隔板和纵隔板的连续组合而形成的，如图6-9所示。采用斜向隔板可提高抗弯和抗扭刚度，较长的支承件常采用这种隔板。

加强肋又称为肋条，一般配置在外壁内侧或内壁上，其主要用途是加强局部刚度或减少薄壁振动。图6-10a所示的加强肋用来提高导轨和床身过渡连接处的局部刚度；图6-10b所示的加强肋用来提高轴承孔处的局部刚度；图6-10c所示为工作台等板形支承件的加强肋，可提高抗弯刚度，避免薄壁振动。加强肋高度约为支承件壁厚的5倍。图6-11所示为立柱隔板和加强肋布置简图。

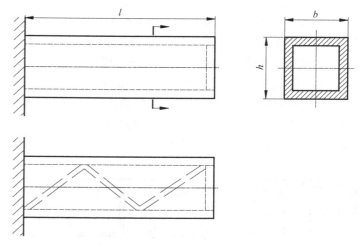

图 6 - 9　支承件的斜向隔板示意图

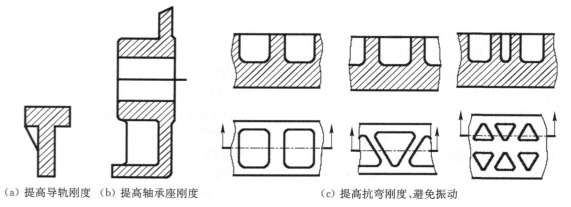

（a）提高导轨刚度　（b）提高轴承座刚度　　　　　（c）提高抗弯刚度、避免振动

图 6 - 10　支承件的加强肋示意图

2）提高接触刚度

为了提高接触刚度，不仅是导轨面，那些重要的固定结合面都必须配磨或配刮。固定结合面配磨时，表面粗糙度不超过 $Ra = 1.6\ \mu m$。

为了保证一定的接触刚度，结合面上的压力应不小于 $(1.5 \sim 2) \times 10^6\ Pa$，表面粗糙度应达到 $Ra = 8\ \mu m$。适当选择螺钉尺寸和合理布置螺钉可提高接触刚度。从抗弯刚度考虑，螺钉应较集中地布置在拉伸的一侧；从抗扭刚度来考虑，螺钉应均匀分布在四周。

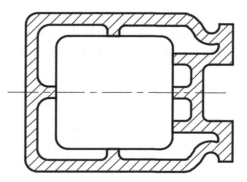

图 6 - 11　立柱隔板加强肋简图

6.2.4　各类支承件结构设计要点

1）卧式车身

床身的截面取决于刚度要求、导轨位置、内部需安装的零部件和排屑等因素，基本截面形状如图 6 - 12 所示。图 6 - 12a—c 用于有大量切屑和冷却液需排除的机床，如车床和六角车

床,其中图6-12a为前后壁之间加隔板的结构形式,用于中、小型车床;图6-12b为双重壁结构,刚度比图6-12a所示结构要高,用于多刀车床和生产车间使用的高效车床;6-12c所示的截面形式通过后壁孔排屑,因而床身的主要部分可做成封闭的箱形,刚度较高,有的还可以保留砂芯,以提高阻尼。如果床身无排屑要求,可做成图6-12d—f所示形式,其中图6-12d主要用于中、小型工作台不升降式铣床、龙门刨床、龙门铣床、插床和镗床,为了便于冷却液或者润滑油的流动,顶面有一定的斜度;图6-12e用于床身兼作油箱,或床身内要装尺寸较大的机构,同时切屑又不能落入床内的场合。这种截面形式因前、后壁间无隔板相连,刚度较低,常用于轻载的机床床身,如磨床;6-12f用于重型机床床身。

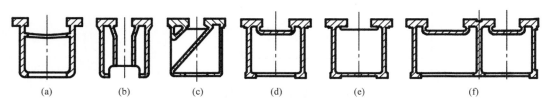

图6-12 卧式床身基本截面形式

床身截面的宽度由工件大小、刚度要求和刀架或工作台的导向性要求决定。以竖直面内的弯曲载荷为主的床身,如龙门刨床、龙门铣床等,床身宽度决定于工件的最大宽度。承受空间力并有扭转载荷的床身,如车床和镗床的床身,宽度由刚度要求而定,由于刚度与宽度的平方约成正比,故这类床身应在结构允许的条件下尽量设计得宽些。

床身截面的高度根据下列原则决定:①装在床腿上的床身,其高度由刚度要求决定,车床床身高宽比约为1:1,六角车床由于多用钻头等轴向力大的刀具,故截面高度为宽度的1.2～1.5倍;②无床腿的床身,即直接支承在基础上的床身,其高度决定于工件的高度,应使工件处于便于观察的位置。因此,大型床身的高度往往小于宽度,这时刚度靠床身和基础联合保证;在这个情况下,必须充分注意基础的设计问题。特别是有些大型机床,床身是几段接起来的,如大型龙门刨床和大型龙门铣床,这时基础起的作用更大。如果床身靠三点支承在基础上,如坐标镗床床身,则靠加宽床身、加隔板、加厚水平壁的方法来提高刚度。

导轨部分的局部刚度与过渡壁关系很大。可用适当加厚过渡壁并加筋来提高刚度,如图6-13所示。筋与筋的距离应略小于在导轨上移动部件的长度,使得移动部件下面总有1～2根筋。从刚度的角度考虑,导轨的厚度应为宽度的1/3左右。

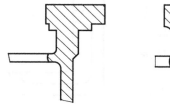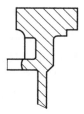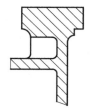

图6-13 导轨过渡壁

2) 立柱

立柱是立式床身。立柱所承受的外载荷有两类:①主要是弯曲载荷,作用于立柱的对称面,如立式钻床的立柱;②弯曲和扭转载荷,如铣床、镗床等的立柱。立柱与卧式床身相比,不利的是只在底部固定,处于悬臂状态,有利的是通常都能做成封闭截面形式。

立柱的截面形式主要由刚度来决定,见图 6-14 所示。图 6-14a 为圆形截面,抗弯刚度较差,多用于有部件绕它旋转以及载荷不大的场合,如摇臂钻床、小型立式和台式钻床的立柱。图 6-14b 为对称矩形截面,用于以弯曲载荷为主,作用于立柱对称面,载荷又较大的地方,如中、大型立式钻床,组合机床等。轮廓尺寸比例为 $h/b = 2 \sim 3$。厚度 h 从根部向上逐渐收缩,至顶部接近 b。图 6-14c 为方形截面,用于受有两个方向弯曲和扭转载荷的立柱,$h/b \approx 1$,使得两个方向的抗弯刚度基本相同,抗扭刚度也较高,这种截面形式多用于镗床、铣床、滚齿机等的立柱。图 6-14d 用于龙门框架式(双)立柱,轮廓的比例一般设定为立式车床为 $h/b = 3 \sim 4$,龙门刨床和龙门铣床为 $h/b = 2 \sim 3$。

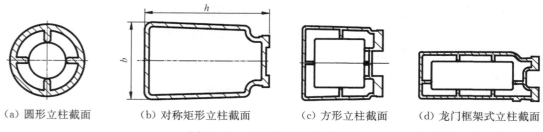

(a) 圆形立柱截面　　(b) 对称矩形立柱截面　　(c) 方形立柱截面　　(d) 龙门框架式立柱截面

图 6-14　立柱的基本截面形式

为了利用立柱内部空间安装机件或清砂,立柱往往需要开孔。开孔对刚度的影响决定于孔的大小和位置。影响抗弯刚度最大的,是开在与弯曲平面垂直的壁上的孔。因这些壁受压或受拉,开孔后将减少受压或受拉的面积。对于抗扭刚度,开在较窄壁上的孔,对刚度的影响比开在较宽壁上的大。故矩形截面的立柱,孔尽量不要开在前、后壁上。孔的宽度尽量不要超过立柱空腔宽度的 70%,高度不超过空腔宽的 1～1.2 倍。孔边缘厚一些(翻边),工作时加盖,并用螺钉拧紧,可补偿一部分刚度的损失。

3) 横梁

横梁用于框架式机床。它与立柱接触的长度一般不大,因而可以看作是两支点的简支梁,承受着复杂的空间载荷:既有两个方向的弯矩,又有转矩。横梁的形状如图 6-15 所示。龙门刨床和龙门铣床横梁中央截面的宽与高约略相等。

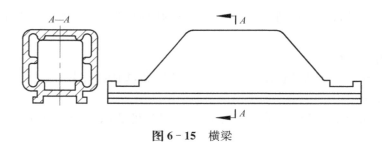

图 6-15　横梁

为了提高刚度和减少截面的畸变,横梁内也应有隔板、环形筋及纵向筋。

4) 工作台

工作台用以安装工件。如果工作台是不动的,如摇臂钻床的工作台,就可设计成封闭的箱形。如果工作台是运动的(移动或者转动的),则需要有一组导轨;这类工作台的形状有三种:

①箱形升降台式(图 6 - 16a),如牛头刨床的工作台;②矩形(图 6 - 16b),如铣床、磨床等的工作台;③圆形(图 6 - 16c),如立式车床和齿轮加工机床的工作台。

(a) 箱形升降台式   (b) 矩形   (c) 圆形

图 6 - 16　工作台

矩形和圆形工作台的刚度主要由它们的高度来决定。工作台除因工件、夹具的重量和切削力造成的变形外,因夹紧工件而产生的工作台局部变形也不可忽视。龙门刨床和龙门铣床的矩形工作台高度与宽度之比以 0.14~0.16 居多。

5) 底座

底座的作用是:①增加立柱的稳定性和安装的可靠性,如立式钻床底座等;②如果机床没有公共床身,则底座用来联系各个部件,如落地车床底座;③工件不动的重型机床的底座用于安装工件,如落地镗铣床。

底座的高度一般不得小于长度的 1/10。底座的刚度有时要靠底座和基础共同保证。底座一般应做成空心的箱形,内有隔板以提高刚度。

6.3　导轨的分类、要求及材料

导轨的功用是支承和引导运动部件沿一定的轨道运动。在导轨副中,运动的一方称为运动导轨,不动的一方称为支承导轨。运动导轨相对于支承导轨进行运动,通常是作直线运动或者回转运动。

6.3.1　导轨的分类

1) 按运动轨迹分

(1) 直线运动导轨。导轨副的相对运动轨迹为直线,如卧式车床的床鞍和床身之间的导轨。

(2) 圆周运动导轨。导轨副的相对运动轨迹为圆周,如立式车床的工作台和底座之间的导轨。

2) 按运动性质分

(1) 主运动导轨。运动导轨作主运动,运动速度高,如插床、牛头刨床上的滑枕滑轨及立式车床工作台导轨。

(2) 进给运动导轨。运动导轨作进给运动,运动速度低,如卧式车床的床鞍导轨及铣床工作台导轨。

(3) 调整导轨。只用于调整部件之间的相对位置,如车床尾架与床身相配合的导轨。当机床切削工作时,运动导轨紧固在支承导轨上不动,所以这种导轨的耐磨性和速度要求较低。

3) 按摩擦性质分

(1) 滑动导轨。两导轨工作面之间的摩擦性质是滑动摩擦。按其摩擦状态又可分为液体静压导轨、液体动压导轨和混合摩擦导轨。

① 液体静压导轨：两导轨面间有一层静压油膜，属于纯液体摩擦，多用于进给运动导轨。

② 液体动压导轨：当导轨面之间相对滑动速度达到一定值后，液体的动压效应使导轨面间出现压力油楔，把导轨面隔开；动压导轨也属于纯液体摩擦，多用于主运动导轨。

③ 混合摩擦导轨：在导轨面间有一定动压效应，但相对滑动速度还不足以形成完全的压力油楔，导轨面仍处于直接接触状态，介于液体摩擦和干摩擦之间；大部分进给运动导轨属于此类型。

（2）滚动导轨。两导轨工作面之间有滚珠、滚柱或滚针等滚动体，导轨面之间为滚动摩擦，在进给运动导轨中用得较广泛。

4）按受力情况分

（1）开式导轨。在外载荷和部件自重作用下，使两导轨面在全长上保持贴合的叫做开式导轨，如图 6-17a 所示的 a、b 面。

（2）闭式导轨。如果作用力 F 不够大，又有一个较大的倾覆力矩 M 作用在运动部件上，此时必须增加压板以形成辅助导轨面 e，才能保证主导轨面 c、d 良好接触，这种导轨称为闭式导轨，如图 6-17b 所示。

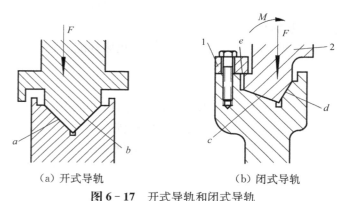

（a）开式导轨　　　　　　　（b）闭式导轨

图 6-17　开式导轨和闭式导轨

$a\sim d$—主导轨面；e—辅助导轨面；1—压板；2—上导轨

6.3.2　对导轨的基本要求

1）导向精度

导向精度主要是指运动导轨的运动轨迹直线度（对直线运动导轨）或圆度（对圆周运动导轨）。导轨的几何精度直接影响导向精度，因此在导轨检验标准中对纵向直线度及两导轨面的平行度（扭转）都有规定。

直线运动导轨的检验内容为导轨在垂直平面的直线度、导轨在水平面内的直线度和两导轨平行度。

圆周运动导轨几何精度检验内容与主轴回转精度的检验方法相类似，用动导轨回转时端面跳动及径向跳动表示。

此外，导轨的结构类型、导轨和基础件的刚度和热变形等，也是影响导向精度的主要因素。

2）耐磨性

导轨长期运行会引起导轨不均匀的磨损，破坏导轨的导向精度，从而影响加工精度。例如，卧式车床的固定导轨，在润滑较差时，前导轨靠近主轴箱的一段，每年磨损量高达 0.2～0.3 mm，这样就破坏了移动刀架移动的直线度及对主轴的平行度，加工精度也就下降。同时也增加了溜板箱中开合螺母与丝杆的同轴度误差,加剧了螺母和丝杠的磨损。一般情况下,导轨修理工作量约占机床大修工作量的 30%～50%。可见,导轨的耐磨性直接影响机床的精度保持性,尽可能减小导轨磨损的不均匀程度,并使磨损后能自动补偿或调整。

影响导轨耐磨性的主要因素有:导轨的摩擦性质、材料、热处理及加工的工艺方法、受力情况、润滑和防护等。

3) 低速运行平稳性

运动部件低速移动时易产生爬行现象,进给运动时的爬行将会增大被加工表面粗糙度;定位运动时的爬行将降低定位精度;故要求导轨低速运动平稳。低速运动平稳性对于高精度机床尤其重要。

低速运行平稳性的影响因素有:①导轨的结构和润滑;②动、静摩擦系数的差值;③传动导轨运动的传动系统的刚度等。

4) 刚度

导轨受力后变形会影响其导向精度和部件之间的相对位置,因此导轨必须有足够的刚度。

导轨变形包括导轨受力后的扭转、弯曲变形、接触变形以及由于支承件的变形而引起的导轨变形。导轨变形主要与导轨的结构形式、尺寸以及受力情况等有关。

6.3.3 导轨的材料及热处理

导轨材料主要是铸铁、钢、塑料、有色金属,应根据机床性能、精度和成本等要求,合理选择导轨材料及热处理工艺。

1) 铸铁导轨

铸铁是应用最广泛的导轨材料,一般支承导轨用 HT200 或 HT300,而运动导轨相应取 HT150 或 HT200。导轨表面常用高频淬火和电接触淬火。高频淬火是借助 200～300 kHz 的高频电流对导轨面加热,淬硬深度可达 1.5～3 mm,硬度达 HRC48～55,与一般表面淬火相比,耐磨性提高 2 倍。电接触淬火淬硬深度可达 0.15～2 mm,硬度达 HRC45 以上,耐磨性可提高 1～2 倍。

为了提高耐磨性,还可采用孕育铸铁、高磷铸铁(含磷量高于 0.4%～0.6%)和合金铸铁(磷铜钛铸铁、钒钛铸铁)。同普通铸铁相比,钒钛铸铁的耐磨性高 4 倍、磷铜钛铸铁高 2 倍、高磷铸铁高 1 倍。

2) 镶钢导轨

由于淬硬钢导轨抗磨粒磨损能力比灰铸铁高 5～10 倍,所以常把淬硬碳素钢或合金钢导轨分段镶装在床身上。在钢制床身上镶装导轨,一般用焊接方法连接,在铸铁床身上镶钢导轨,则用螺钉紧固。

3) 塑料导轨

机床上采用的是铸铁-塑料或者镶钢-塑料滑动导轨。塑料导轨常用在导轨副的运动导轨上。导轨塑料常用环氧型耐磨涂层和聚四氟乙烯导轨软带两类。

(1) 环氧型耐磨涂层。

国外最有名的导轨涂层是 SKC3 导轨塑料涂层和 Mogilce 钻石牌导轨涂层,国产导轨涂层的型号为 HNT。前一种用作轻负荷的机床导轨,后两种则适用于重负荷导轨。

HNT 耐磨涂层主要以环氧树脂为基体,加固体润滑剂二硫化钼和胶体石墨及其他铁粉填充剂而成。这种涂层有较高的耐磨性、硬度、强度和导热率,在有无润滑油情况下都起较好的润滑和防止爬行作用,可应用于龙门铣床工作台导轨。

（2）聚四氟乙烯导轨软带。

聚四氟乙烯导轨软带是用于塑料导轨最成功的一种。这种导轨软带材料是以聚四氟乙烯为基体,加入青铜粉、二硫化钼和石墨等填充剂混合烧结,并做成软带状。这类导轨软带有美国 Shamban 公司生产的 Turcite - B 导轨软带,Dixon 公司的 Rulon 导轨软带,国内生产的 TFS 导轨软带,以及配套用 DJ 胶黏剂。

聚四氟乙烯导轨软带具有较多的优点:摩擦性能好,动、静摩擦系数基本不变,可防止低速爬行;耐磨性好,本身具有润滑作用,质地软,不易损伤金属导轨面和软带本身;减振性好,塑料有很好的阻尼性能,其减振消声的性能对提高摩擦副的相对运动速度有很大的意义;工艺性好,塑料易于加工,利于获得导轨副接触面优良的表面质量;化学稳定性好;维修方便,经济性好等。

6.4 滑动导轨

滑动导轨是其他类型导轨发展的基础。普通滑动导轨的滑动面之间呈混合摩擦,它与滚动摩擦导轨相比,虽然摩擦系数大、使用寿命短、低速易产生爬行,但由于结构简单,工艺性好,精度、刚度易保证,故广泛应用于对低速均匀性及定位精度要求不高的机床中。

6.4.1 滑动导轨的结构

1) 直线滑动导轨的截面形状

直线滑动导轨截面的基本形状主要有 4 种:矩形、三角形、燕尾形和圆形,每种还有凹凸之分,如图 6 - 18 所示。

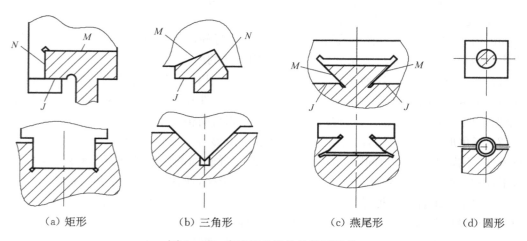

(a) 矩形　　　　　(b) 三角形　　　　　(c) 燕尾形　　　　　(d) 圆形

图 6 - 18　直线滑动导轨的截面形状

导轨多数是由 3、4 个平面组成,各个平面所起的作用也有所不同。如矩形导轨的 M、J 面起导向作用,即保证在垂直面内的直线移动精度;M 面又是承受载荷的主要支承面;J 面是防止运动部件抬起的压板面;N 面是保证水平面内直线移动精度的导向面。在三角形导轨中 M、N 面兼起支承和导向作用。在燕尾形导轨中,M 面起导向和压板面作用,J 面为支承面。

根据床身等固定件上导轨的凹凸状态,又可以分为凸形导轨(图 6 - 18 上排)和凹形导轨(图 6 - 18 下排)。其中凸三角形又称山形,凹三角形又称 V 形。当导轨水平布置时,凸形导轨不易积存切屑和脏物,但也不易存油,多用在移动速度小的部件上;相反,凹形导轨具有好的润滑条件,但必须有防屑、保护装置,多用在移动速度较大的部件上。

（1）矩形导轨。矩形导轨（图 6-18a）制造、检验和维修都较方便，刚度和承载能力大。由于水平方向和垂直方向上的位移互不影响（即一个方向上的调整不会影响到另一个方向上的位移），因此安装、调整也较方便。矩形导轨中起导向作用的导轨面（N）磨损后不能自动补偿间隙，所以需要有间隙调整装置。图 6-18a 所示凸导轨，如果只有一个水平面 M 用于承载和导向，称为平导轨。

（2）三角形导轨。如图 6-18b 所示的山形导轨和 V 形导轨，当其水平布置时，在垂直载荷作用下，导轨磨损后能自动补偿，不会产生间隙，因此导向性好；但闭式导轨压板面仍需调整间隙。此外，当导轨面 M 和 N 上受力不对称、相差较大时，为使导轨面上压力分布均匀，可采用不对称导轨（图 6-18b 上图）。三角形顶角一般取 90°；在重型机床上承受载荷较大，为增加承载面积，可取 110°～120°，但导向精度变差。在精密机床上采用小于 90°的顶角以提高导向精度。

（3）燕尾形导轨。燕尾形导轨的高度较小（图 6-18c），磨损后不能自动补偿间隙，需用镶条调整。两燕尾面起压板面作用，用一根镶条就可以调整水平、垂直方向的间隙。导轨制造、检验和维修都不太方便。当承受垂直作用力时，它以支承面为主要工作面，它的刚度与矩形导轨相近，当承受倾覆力矩时，斜面为主要工作面，则刚度较低。一般用于要求高度小的多层移动部件，广泛用于仪表机床。M、J 两个导轨面间的夹角为 55°。

（4）圆柱形导轨。如图 6-18d 所示，圆柱形导轨制造方便，内孔可珩磨，外圆经过磨削可达到精密配合，但磨损后调整间隙困难。为防止转动，可在圆柱面上开键槽或加工出平面，但不能承受大的转矩，主要用于受轴向载荷的场合，适用于同时作直线运动和转动的场合，如拉床、珩磨机及机械手等。与上述三种导轨相比，圆柱形导轨应用最少。

2）直线滑动导轨的组合形式

如前所述，在机床上一般都采用 2 条相互平行的导轨副来承载和导向。在重型机床上，根据机床受载情况，可用到 3、4 条导轨。导轨常用下述的组合形式。

（1）双三角形组合。这种导轨（图 6-19a）能自行补偿垂直方向及水平方向的磨损，导向精度高。但要求四个表面刮削或磨削后同时接触，工艺性较差，床身与运动部件热变形不一样时，难保证四个面同时接触。这种导轨用于龙门刨床与高精度车床。

（2）三角形—平导轨组合。图 6-19b 所示三角形—平导轨组合，导向精度高，加工装配也较方便，不需要镶条调整间隙，温度变化不会改变导轨面的接触情况；但热变形会使移动部件水平偏移，两条导轨磨损也不一样，对位置精度有影响，通常用于磨床、精密镗床。

（3）双矩形组合。这种导轨（图 6-19c）主要承受与主支承面相垂直的作用力。侧导向面要用镶条调整间隙，接触刚度低，承载能力大，但导向性差。双矩形组合导轨制造、调整简单，闭式导轨有压板面，用压板面调整间隙，导向面用镶条调整间隙，用于普通精度机床，如升降台铣床、龙门铣床等。

（4）三角形—矩形组合。图 6-19d 所示卧式车床上的两组导轨，内侧一组供尾架使用，外侧一组供刀架大托板使用。三角形导轨作主要导向面，导向性比双矩形好。三角形导轨磨损后不能调整，对位置精度有影响。

（5）平—平—三角形组合。在龙门铣床机床工作台宽度大于 3 000 mm、龙门刨床工作台宽度大于 5 000 mm 时，为了不使工作台中间挠度过大，可用三根导轨组合。图 5-19e 所示是用于重型龙门刨床工作台导轨的一种形式，三角形导轨主要起导向作用，平导轨主要起承载作用，不需要镶条调整间隙。工作台用双齿条传动，使偏转力矩较小。由于工作台和工作质量很大，可不考虑倾覆力矩问题。

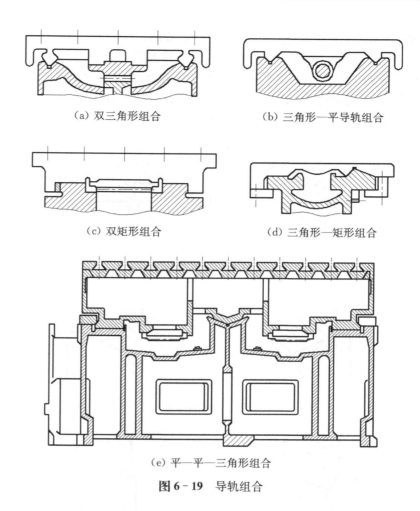

（a）双三角形组合　　　　　　（b）三角形—平导轨组合

（c）双矩形组合　　　　　　（d）三角形—矩形组合

（e）平—平—三角形组合

图 6-19　导轨组合

通过以上分析可知,各种导轨的特点各不相同,选择和组合时应注意以下几点:

① 要求导轨有较大的刚度和承载能力时用矩形导轨。中小型卧式车床床身导轨是山形和矩形导轨的组合,而重型车床上则用双矩形导轨以增加承载能力。

② 要求导向精度高的机床用三角形导轨。三角形导轨工作表面同时起承载和导向作用,能自动补偿间隙,导向性好。

③ 矩形导轨和圆形导轨工艺性好,制造、检验都较方便;而三角形导轨、燕尾形导轨则工艺性差。

④ 要求结构紧凑、高度小、调整方便的机床部件用燕尾形导轨。

3）圆周运动导轨的截面形状

圆周运动导轨的截面形状有平面、锥面和 V 形面三种,主要用于圆形工作台、转盘和转塔头架等旋转运动部件。

（1）平面圆环导轨。如图 6-20a 所示,这种导轨制造方便,热变形后仍能接触,适用于大直径的工作台或转盘。但它只能承受轴向力,不能承受径向力,需与带径向滚动轴承的主轴相配合,来承受径向力。这种导轨摩擦损失小,精度高,目前用得较多,如用于滚齿机、立式车床等。

（2）锥形圆环导轨。如图 6-20b 所示,锥形接触面能承受轴向力与较大的径向力,但不能承受较大的倾覆力矩。热变形也不影响导轨接触,导向性比平面好,但要保持锥面和主轴的同心度较困难,母线倾斜角一般为 30°,常用于径向力较大的机床。

(3) V 形圆环导轨。如图 6 - 20c 所示,这种导轨能承受较大的轴向力、径向力和一定的倾覆力矩,能保持很好的润滑,但制造较复杂,需要保证导轨面和主轴同心。V 形导轨一般用非对称形状。当床身和工作台热变形不同时,两个锥形导轨面将不能全部同时接触。

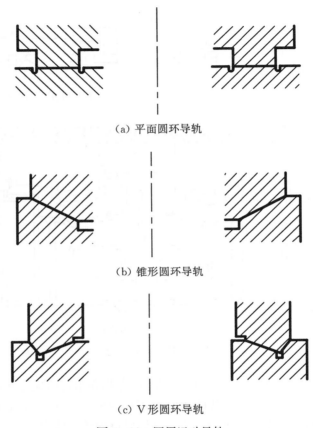

(a) 平面圆环导轨

(b) 锥形圆环导轨

(c) V 形圆环导轨

图 6 - 20　圆周运动导轨

6.4.2　滑动导轨的间隙调节装置

导轨面之间的间隙应适当。如果间隙过小,工作运动的阻力大,会使导轨磨损加剧。间隙过大,运动失去准确性和平稳性,失去导向精度,甚至会产生振动。因此需保证导轨具有合理的间隙。

1) 间隙调整方法

(1) 压板。压板用于调整间隙并承受倾覆力矩。压板用螺钉固定在运动部件上,用刮配、镶块或垫片来调整间隙。图 6 - 21 所示为矩形导轨上常用的几种压板装置。压板的顶面包括结合面 y 和导向面 x(图 6 - 21a),两面之间有一沟槽。间隙过大,应刮研或者修磨 y 面,如间隙太小或压板与导轨压得太紧,则可刮研或修磨 x 面。若在压板的右上方放一块镶块(图 6 - 21b),用带锁紧螺母的螺钉调节间隙,使用上比刮配方便,但结构复杂、刚度低。另外也有在压板和溜板的结合面间放几层薄垫片(图 6 - 21c),随着摩擦表面的磨损,逐次拿掉垫片,节省了刮削工时,但刚度较低、应用少。

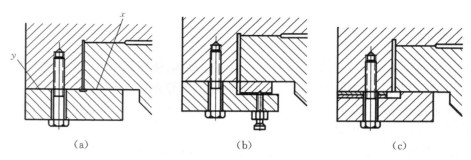

图 6-21　矩形导轨上常用的三种压板结构

（2）镶条。镶条用来调整矩形导轨和燕尾形导轨的侧向间隙，以保证导轨面的正常接触。一种镶条是全长厚度相等、横截面为平行四边形或矩形的平镶条（图 6-22a），以其横向位移来调整间隙。另一种是全长厚度变化的斜镶条（图 6-22b），以其纵向位移来调整间隙。

平镶条要放在合适的位置，用侧面的螺钉调节，用螺母锁紧，因各螺钉单独拧紧，故收紧力不易均匀。这种镶条在螺钉的着力点有挠曲。

斜镶条的两个面分别于运动导轨和支承导轨均匀接触，所以比平镶条刚度高，但加工稍困难。斜镶条的斜度为 1：100～1：40，镶条越长斜度应越小，以免两端厚度相差太大。

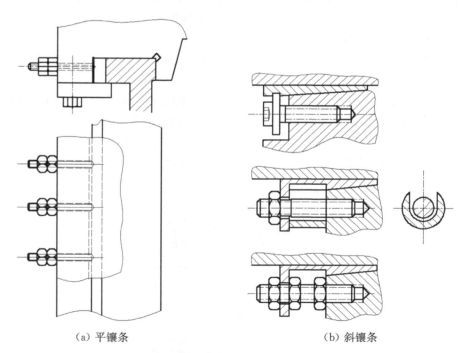

（a）平镶条　　　　　　　　　　　　　（b）斜镶条

图 6-22　镶条的调节

2）镶条的安放位置和导向面的选择

从提高刚度考虑，镶条应该放在不受力或受力较小的一侧，但调整镶条后，运动部件有较大的侧移，影响加工精度。对于精密机床因导轨受力小，要求加工精度高，镶条应放在受力的一侧，或两边都放镶条；而对于普通机床，镶条应放在不受力的一侧。

6.5 滚动导轨

在相配的两导轨之间放置滚珠、滚柱或滚针等滚动体,使导轨面之间的摩擦性质成为滚动摩擦,这种导轨叫做滚动导轨。与普通滑动导轨比,滚动导轨有以下优点:

(1) 运动灵敏度高,滚动导轨的摩擦系数小(0.002 5~0.005),动、静摩擦系数很接近,故一般滚动导轨在低速移动时,没有爬行现象。

(2) 定位精度高,一般滚动导轨的重复定位误差为 0.1~0.2 μm;普通滑动导轨为 10~20 μm。

(3) 所需牵引力小,移动轻便。

(4) 滚动导轨的磨损小,精度保持性好。钢制淬硬导轨具有较高的耐磨性,修理周期间隔可达 10~15 年。

(5) 润滑系统简单,有时可用油脂润滑,维修方便(只需更换滚动体)。

但滚动导轨抗振性差,对防护要求也较高。滚动体与导轨是点线接触,接触应力较大,故一般滚动体和导轨需淬火处理。另外,滚动体直径的不一致或导轨面不平,都会使运动部件倾斜或高度发生变化,影响导向精度,因此对滚动体的精度和导轨平面度要求高。与普通滑动导轨相比,滚动导轨结构复杂,制造比较困难,成本较高。

滚动导轨广泛地应用于各种类型的机床,每一种机床都利用了它的特点。滚动导轨可应用于实现微量进给,如外圆磨床砂轮架的移动导轨;实现精密定位,如坐标镗床工作台的移动导轨;还用于对运动灵敏度要求高的地方,如数控机床。此外,如工具磨床为了手摇工作台轻便,也采用滚动导轨。

6.5.1 滚动导轨的结构形式

滚动导轨按运动轨迹,可分为直线运动导轨和圆周运动导轨;按滚动体形式,可分为滚珠、滚柱和滚针导轨等。

(1) 直线运动导轨。图 6-23a 所示为滚珠导轨,多用于轻载机床上,如工具磨床工作台和外圆磨床砂轮架导轨。两排滚珠安装在保持架内,与两淬硬导轨(支承导轨和运动导轨)接触。图 6-23b 所示为滚柱导轨,其承载能力为相同外廓尺寸滚珠导轨的 20~30 倍,这种形式的三角形—平导轨组合常用于磨床砂轮架和工作台的导轨。图 6-23c 所示为交叉滚柱导轨,

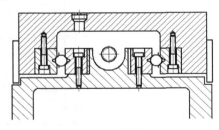

(a) 滚珠导轨

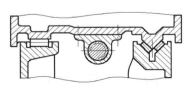

(b) 滚柱导轨

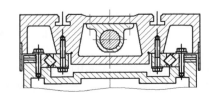

(c) 交叉滚柱导轨

图 6-23 直线运动滚动导轨

在带 V 形轨道的导轨中交叉排列着滚柱,相邻滚柱的轴线互成 90°。导轨刚度大、摩擦力小,可承受任何方向的载荷。为了避免端面摩擦,滚柱长度略小于滚柱直径,这种结构应用广泛,其缺点是导轨面、工作表面不能直接配研,加工较困难。

(2)圆周运动导轨。图 6 - 24a 所示圆周运动滚珠导轨只能承受轴向力而不能承受径向力。图 6 - 24b 所示结构能同时承受轴向力与径向力,但制造困难。图 6 - 24c 所示滚锥导轨既能承受轴向力,又能承受不大的径向力。径向力很大时,可采用与圆周运动导轨同轴线的心轴和滚动轴承来承受径向力。

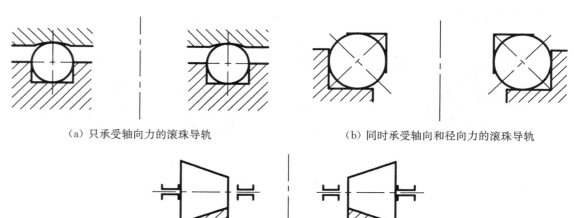

(a)只承受轴向力的滚珠导轨　　　　　　　(b)同时承受轴向和径向力的滚珠导轨

(c)能承受轴向力和少量径向力的滚锥导轨

图 6 - 24　圆周运动滚动导轨

6.5.2　滚动导轨的预紧

滚动导轨有预加载时,刚度增加,但运动导轨所需牵引力也增加。实验表明,当预紧力达到一定值再继续增加时,刚度不再显著提高,而牵引力却显著增大。因此要选择合适的预紧力,使刚度提高而牵引力增加不大。图 6 - 25 所示滚动导轨预盈量和牵引力的关系,曲线 1 为矩形滚柱导轨的关系曲线,曲线 2 为滚珠导轨的关系曲线。

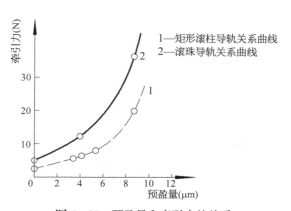

1—矩形滚柱导轨关系曲线
2—滚珠导轨关系曲线

图 6 - 25　预盈量和牵引力的关系

一般来说,最小预紧力必须保证加在每个滚动体上的预载大于外载荷,最小预紧力产生的预盈量为 2～3 μm。最大预紧力根据牵引力和滚动体表面强度而定。当滚动体表面硬度为 HRC60 时,按表面强度选择最大预紧力,对滚珠的预盈量为 7～15 μm,滚柱的预盈量为 15～20 μm。

有预加载荷的导轨没有间隙、刚度高,但结构复杂、成本高。没有预加载荷时,导轨面的接触是靠运动部件本身的质量。一般除精密机床和垂直配置导轨必须预紧外,在倾覆力矩不致使导轨滚动体脱离接触的情况下,也可用无预加载荷的导轨,此时倾覆力矩需符合以下条件:

$$\frac{M_y}{FL} \leqslant \frac{1}{6} \qquad (6-4)$$

式中，M_y 为相对于导轨长度方向上重点水平轴线的总倾覆力矩；F 为质量及切削力在垂直方向分力的总和；L 为导轨的工作长度。

另外，如果运动部件很重，其导轨较长，本身的质量可起预加载荷的作用，能满足刚度要求，此时也无需预加载荷。

预加载荷的方法可分为两类，一类是利用尺寸差（图 6 - 26a）达到预紧，另一类是靠螺钉、弹簧或斜镶条等调整元件来实现预紧（图 6 - 26b）。

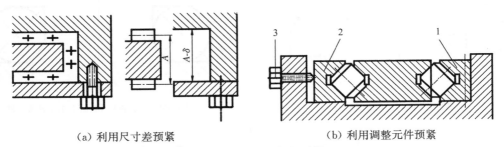

（a）利用尺寸差预紧　　　　　　　　　　（b）利用调整元件预紧

图 6 - 26　滚动导轨的预紧

1、2—支撑块；3—螺钉

思考与练习

1. 根据摇臂钻床的摇臂和立柱的受力情况，说明摇臂和立柱宜采用怎样的截面形状，并说明理由。

2. 提高支承件本身刚度应采取什么措施？

3. 下列导轨选择是否合理，为什么？

（1）卧式车床的床鞍导轨采用 V 形导轨与矩形导轨结合；

（2）龙门刨床的工作台导轨采用双山形导轨组合；

（3）拉床采用圆柱形导轨；

（4）铣床工作台导轨采用滚动导轨；

（5）组合钻床动力部件的导轨采用静压导轨。

4. 试述：

（1）导轨导向面的选择原则；

（2）直线运动滑动导轨间隙的调整方法及应用场合。

第 7 章

数控机床结构

◎ **学习成果达成要求**

现代数控机床集高效率、高精度、高柔度于一身,具有许多普通机床无法实现的特殊功能,代表了机床的现代化程度,是当今制造业的发展方向。因此,了解数控机床机械结构设计的要求,并能对其关键零部件进行设计,具有重要的意义。

学生应达成的能力要求包括:

1. 了解数控机床工作原理和结构特点,能区别于普通机床,针对具体设计问题提出合理的数控机床机械结构设计要点。

2. 掌握常用的主轴滚动轴承的结构、预紧及典型应用,能针对具体的数控机床设计问题,合理设计其主轴组件。

3. 掌握滚珠丝杆螺母副的优缺点及适用场所,能针对具体设计问题,选择合适的滚珠丝杆螺母副。

《《《

数控机床是采用数字控制技术对机床的加工过程进行自动控制的一类机床。数控机床把机械加工过程中的各种操作(如主轴变速、进刀与退刀、开车与停车、选择刀具等)步骤,以及刀具与工件之间的相对位移量都用数字代码形式的信息(程序指令)来表示,通过信息载体输入数控装置,经运算处理后由数控装置发出各种控制信号,来控制机床的伺服系统或其他执行元件,按图纸要求的形状和尺寸,自动地将零件加工出来。数控机床较好地解决了复杂、精密小批量、多品种的零件加工问题,是一种柔性、高效的自动化机床。随着数控技术的发展,采用数控系统的机床品种日益增多,有车床、铣床、镗床、钻床、齿轮加工机床、电加工机床等。此外,还有能自动换刀、一次装卡进行多工序加工的加工中心,进行多用途、多工序复合加工的专门数控机床。

7.1 数控机床机械结构概述

数控机床是一种典型的机电一体化产品,是机械和电子技术相结合的产物,如图 7-1a 所示带小型圆盘刀库的立式数控中心,图 7-1b 所示五轴数控中心。随着机械电子和计算机控制技术在机床上的普遍应用,数控机床的机械结构也在不断发展变化。数控机床的机械结构包括机床的床身、立柱、导轨、主轴部件、主传动系统、进给传动系统、工作台、刀架和刀库、自动换刀装置及其辅助装置。数控机床的各机械部件相互协调,组成了一个复杂的机械系统,在数控系统的指令控制下,实现各种进给运动、切削加工和其他辅助操作等多种功能。

（a）立式数控中心

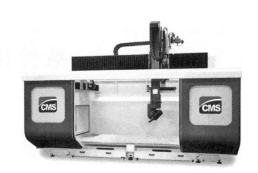
（b）五轴数控中心

图 7-1　数控中心

7.1.1　数控机床机械结构的特点

数控机床的机械结构和普通机床的机械结构相比，具有以下特点。

（1）支承件的高刚度化。床身、立柱等采用静刚度、动刚度、热刚度特性都较好的支承构件。

（2）传动机构简约化。主轴转速由主轴的伺服驱动系统来调节和控制，取代了普通机床的多级齿轮传动系统，简化了机械传动结构。

（3）传动元件精密化。采用效率、刚度、精度等各方面都较好的传动元件，如滚珠丝杆螺母副、静压蜗轮蜗杆副及带有塑料层的滑动导轨、静压导轨等。

（4）辅助操作自动化。采用多轴、多刀架结构，刀具与工件的自动夹紧装置，自动换刀装置，自动排屑装置，自动润滑冷却装置，刀具破损检测、精度检测、监控装置等，改善了劳动条件，提高了生产效率。

7.1.2　数控机床机械结构设计的目的和要求

1）数控机床机械结构的设计目的

数控机床与同类普通机床在结构上虽然十分相似，如数控机床和普通机床一样具有床身、立柱、导轨、工作台、刀架等主要部件，但是为了与数控机床的高加工精度、高速切削相匹配，对这些部件的结构设计还提出了高精度、低惯性、低摩擦、高谐振频率、适当的阻尼比等要求，使数控机床达到预定的各项性能指标。为此，数控机床的机械结构设计应从以下几个方面入手。

（1）自动保证稳定的加工精度。图 7-2 所示为普通机床和数控机床，从控制零件尺寸的角度分析，两者是有很大差异的。在普通机床上加工零件时，操作者直接检测零件的实际加工尺寸，对比图纸要求后，调整操作以修正加工偏差。操作者实际上起到了测量、调节和控制装置的作用，由他完成了测量、运算、比较和调节控制的功能。可以说操作者实际上处于控制回路之内，是控制系统的某些环节。在数控机床上加工零件时，一切都按预先编制的加工程序自动进行，操作者只发出启动命令，监视机床的工作情况，在加工过程中并不直接测量零件尺寸，而是由数控装置根据程序指令和机床检测装置的测量结果，控制刀具和零件的相对位置，从而达到控制零件的目的。

这样，如果由于数控机床的温升引起热变形、导轨磨损、刀具磨损、机床—刀具—零件的工

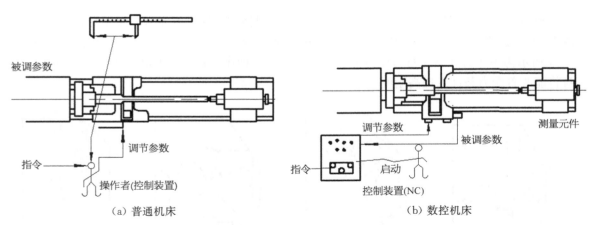

图 7‑2　普通机床与数控机床的差异

艺系统的弹性变形,以及进给运动的定位误差等因素,使刀具和零件的相对位置偏离了理论值,将造成零件的加工误差。因此,在设计数控机床时,对于影响机床加工精度的各项因素,如机床的刚度、抗振性、摩擦磨损、温升及热变形、进给运动的定位精度等,都应给予足够的重视。

(2) 提高加工能力和切削效率。由于数控机床比较昂贵、投资较大,为取得与投资相应的经济效益,应使数控机床的实用效率高,承受负荷的能力大。机床上总是采用工作能力最强的刀具,来最大限度地提高切削效率。数控机床的传动功率比普通机床大,以适应切削效率不断提高的需要。因此,数控机床的结构要有良好的刚性、抗振性、抗振能力、承载能力和使用寿命。

(3) 提高使用效率。在数控机床上加工零件的单价工时,往往只有普通机床的 1/4,甚至更短。这是因为,一方面数控机床提高了切削效率,缩短了切削时间;另一方面,在数控机床上还采取各种措施来缩短辅助时间。数控机床是全自动化机床,从自动化的控制原理上,将变速操作、尺寸测量等辅助时间减到了最短。此外,还尽量缩短装卸刀具、装卸搬运零件、检查加工精度、调整机床等辅助时间。加工中心即自动换刀的数控机床正是在这种思路的指导下发展起来的,它具有自动换刀、零件自动转位或分度等功能,使零件在一次装夹后可以完成多个表面的多种工序加工。因此,机床上必须具有完成这些辅助动作的自动化结构与部件。

综上所述,数控机床的功能和设计要求与普通机床有着很大的差异。数控机床机械结构设计的目的可以归纳为以下几方面:具有切削功率大,静、动刚度高和良好的抗振性能;具有较高的几何精度、传动精度、定位精度和热稳定性;具有实现辅助操作自动化的结构部件。

当然,有关提高静、动刚度高,抗振性能,热稳定性,几何精度等方面的要求和结构措施,对于普通机床和数控机床的设计是一致的,但是要求的程度是有差异的。对于普通机床的结构进行局部的改进,并配上经济的简易数控装置,使之成为数控机床,这是现有普通机床进行数控化的途径。但是不能因此就认为,将数控装置与普通机床连接在一起就可以构成一台数控机床。

2) 数控机床机械结构的设计要求

(1) 提高数控机床构件的刚度。同普通机床一样,在机械加工过程中,数控机床将承受多种外力的作用,包括机床运动部件和工件的自重、切削力、加减速时的惯性力、摩擦阻力等,机床的受力部件在这些力的作用下将产生变形。因此,普通机床结构设计时提高刚度的措施在此同样适用。在此基础上,数控机床还可以通过床身形式的变化等来提高构件的刚度。

按照床身导轨面与水平面的相对位置,床身可分为平床身、斜床身、平床身斜滑板和立床身4种布局形式,如图7-3所示。一般来说,中、小规格的数控机床多采用斜床身和平床身斜滑板,大型数控机床和小型精密机床多采用平床身,立床身采用较少。同样受力情况下,如图7-4所示为平床身和斜床身时床身的受力情况。当两种床身截面积和转动惯量相同时,斜床身将能改善受力条件以提高刚度。

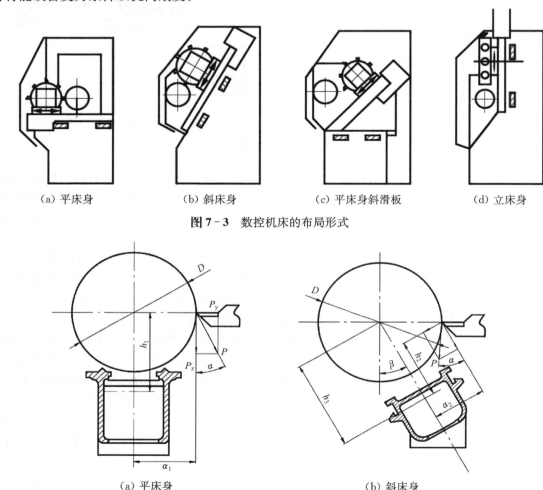

（a）平床身　　　（b）斜床身　　　（c）平床身斜滑板　　　（d）立床身

图7-3　数控机床的布局形式

（a）平床身　　　　　　　　　　　（b）斜床身

图7-4　平床身和斜床身的受力情况

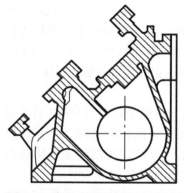

图7-5　数控车床的床身截面结构

此外,将斜床身设计成封闭式截面,也能提高床身的刚度,如图7-5所示数控车床床身截面结构。

（2）增强数控机床结构的抗振性。提高数控机床结构的抗振性,可以减小振动对加工精度的影响。具体措施可以从减少内部振源、提高静刚度、增加阻尼等方面着手。

① 减少机床的内部振源。机床的内部振源有多种,可采用以下措施尽量减小振动:对机床高速旋转的主轴、齿轮、带轮等进行动平衡实验;对装配在一起的旋转部件要保证不偏心,并且尽量消除其配合间隙;对机床上的电动机和液压泵、液压马达等旋转部件安装隔振装置;在断续切削机床的适当部位安

装飞轮等。

②　提高静刚度。提高机床构件的静刚度,调整构件和系统的固有频率,以避免共振的发生。提高静刚度的具体措施与本书 6.2.3 节相同。

③　提高阻尼比。增大阻尼可提高动刚度和自激振动稳定性。因此,可以在机床构件内腔填充混凝土等阻尼材料来提高结构的阻尼特性。

（3）减小机床的热变形。数控机床由于各种热源散发的热量传递给机床的各个部件,会引起各部件的温升,使其产生热膨胀,因此会改变刀具与工件的正确相对位置,进而影响加工精度。为了保证机床的加工精度,必须减少机床的热变形,常用措施如下。

①　控制热源和发热量。在机床布局时,应尽量减少内部热源,可考虑将电动机、液压系统等置于机床本体之外。另外,加工过程中产生的切屑也是一个不可忽视的热源,需要在工作台和导轨上设置隔热防护罩,隔离切屑的热量,并尽快将切屑排到机床之外。

②　加强冷却散热。对于难以分离出去的热源,可采取散热、冷却的方法来降低温度,减小热变形。现代数控机床,特别是大型加工中心,多采用多喷嘴、大流量冷却系统直接喷射切削部位,可迅速将炽热的切屑带走,使热量排出。

③　改进机床布局和结构形式。如图 7-6 所示,将数控机床主轴的热变形方向与刀具切入方向垂直,可以使热变形对加工精度的影响降到最小程度。

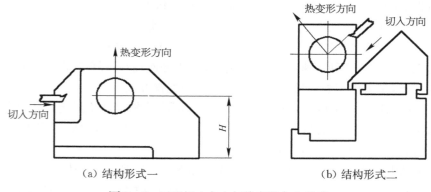

（a）结构形式一　　　　　　　　　　　（b）结构形式二

图 7-6　刀具切入方向与热变形方向垂直

④　恒温处理。数控加工车间内一般装有空调或者其他温度调节装置,保持环境温度的稳定。恒温的精度一般严格控制在±1 ℃,精密级的为±0.5 ℃。

⑤　采用热变形补偿装置。可以通过预测热变形规律,建立数学模型,并存入 CNC 系统中,控制输出值进行实时补偿;也可以在热变形敏感位置安装相应的传感器元件,实测热变形量,经放大后送 CNC 系统,进行实时修正补偿。

7.2　主传动系统及结构

数控机床的工艺范围很宽,针对不同的机床类型和加工工艺特点,数控机床对其主传动系统提出了一些特定要求,具体如下。

（1）较高的主轴转速和较宽的调速范围。为了满足不同工况的切削,获得最合理的切削用量,从而保证加工精度、加工表面质量及生产效率,必须具有较高的转速和较大的调速范围。特别是对于具有自动换刀装置的加工中心,为适应各种刀具、各种材料的加工,对主轴调速范围要求更高。它能使数控机床进行大功率切削和高速切削，实现高效率加工。目前，一般标准型数控机床调速范围均在 1：100 以上。

（2）较高的精度和较大的刚度。为了尽可能提高生产率和提供高效率的强力切削，在数控加工过程中，零件最好经过一次装夹就完成全部或绝大部分切削加工，包括粗加工和精加工。在加工过程中机床是在程序控制下自动运行的，更需要主轴部件刚度和精度有较大的余量，从而保证数控机床使用过程中的可靠性。

（3）良好的抗振性和热稳定性。数控机床加工时，由于断续切削、加工余量不均匀、运动部件不平衡以及切削过程中的自振等原因引起冲击力和交变力，使主轴产生振动，影响加工精度和表面粗糙度，严重时甚至可能破坏刀具和主轴系统中的零件，使其无法工作。主轴系统的发热使其中所有零部件产生热变形，降低传动效率，破坏零部件之间的相对位置精度和运动精度，从而造成加工误差。因此，主轴部件要有较高的固有频率，较好的动平衡，且要保持合适的配合间隙，并要进行循环润滑。

（4）为实现刀具的快速或自动装卸，数控机床主轴具有特有的刀具安装结构，比如主轴上设计有刀具自动装卸、主轴定向停止和主轴孔内的切屑清除装置。

7.2.1　主传动方式

现代数控机床的主传动系统广泛采用交流调速电动机或直流调速电动机作为驱动元件，随着电动机性能的日趋完善，能方便地实现宽范围的无级变速，且传动链短、传动件少、变速可靠性高。数控机床的主传动方式主要有三种，如图 7-7 所示。

（1）带有二级齿轮变速的主传动方式。如图 7-7a 所示，主轴电动机经过二级齿轮变速，使主轴获得低速和高速两种转速系列。这种分段无级变速，能确保低速时的大扭矩，满足机床的扭矩特性要求，是大中型数控机床采用较多的一种配置方式。

（2）通过定比传动的主传动方式。如图 7-7b 所示，主轴电动机经定比传动传递给主轴，定比传动采用齿轮传动或带传动。带转动通常采用同步带的形式，主要应用于小型数控机床上，可以避免齿轮传动的噪声与振动。

（3）由主轴电动机直接驱动的主传动方式。如图 7-7c 所示，电动机轴与主轴用联轴器同轴连接。这种方式大大简化了主轴结构，有效地提高了主轴刚度。但主轴输出扭矩小，电动机的发热对主轴精度影响较大。近年来出现了一种电主轴，如图 7-8 所示，主轴本身就是电

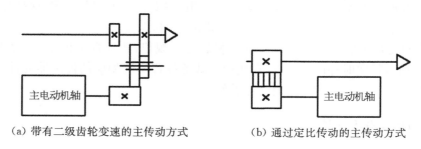

（a）带有二级齿轮变速的主传动方式　　　　　（b）通过定比传动的主传动方式

（c）由主轴电动机直接驱动的主传动方式

图 7-7　数控机床的主传动方式

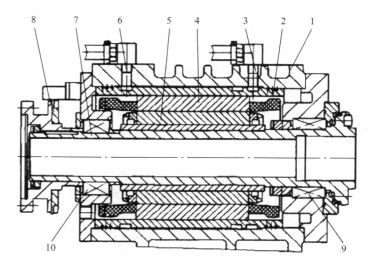

图 7 - 8 电主轴结构

1—电主轴的主轴箱；2—冷却套；3—冷却水的进口；4—定子；5—转子；6—冷却水的出口；
7—主轴；8—反馈装置；9—主轴的前轴承；10—主轴的后轴承

动机的转子，主轴箱体与电动机定子相连，其优点是主轴部件结构更紧凑、质量小、惯性小，可提高启动和停止的响应特性；缺点是内部产生大量的热，易引起较严重的热变形问题。其热源主要包括了主轴前后轴承的摩擦生热和电动机定转子的电磁损耗生热。其中，电动机的转子在运转时产生的发热量占总发热量的近 1/3，而定子的发热量占总发热量的近 2/3。转子产生的热量通过定子和转子之间的气隙传递到定子上，而定子上的热量通过冷却套中的冷却液带走。同理，轴承摩擦产生的热量一部分传导给主轴，另一部分则通过主轴壳体传递到冷却套上。当电主轴内的主轴受到转子和前后轴承传递过来的热量时，产生轴向热伸长，其热伸长量同时作用于前后轴承上。由于前后轴承的轴向位移被前后法兰固定，而法兰又固定于电主轴壳体上，因此主轴的伸长量与电主轴壳体的热变形量相关。

7.2.2 主轴部件的结构

主轴部件作为数控机床的一个关键部件，它包括主轴、主轴的支承、安装在主轴上的传动件和密封件等。主轴部件质量的好坏直接影响加工质量，对于数控机床，尤其是自动换刀数控机床，为了实现刀具在主轴上的自动装卸与夹紧，还必须有刀具的自动夹紧装置、主轴准停装置和主轴孔的清理装置等结构。

数控机床主轴部件的回转精度影响工件的加工精度，它的功率大小与回转速度影响加工效率，它的自动变速、准停和换刀等功能影响机床的自动化程度，其结构的先进性已成为衡量机床技术水平的重要表示之一。因此，主轴部件应该具有良好的回转精度、结构刚度、抗振性、热稳定性、耐磨性和精度保持性。而且，在结构上必须很好地解决刀具和工件的装夹、轴承的配置、轴承间隙调整和润滑密封等问题。

机床主轴端部一般用于安装刀具、夹持工件或夹具。在结构上，应能保证定位准确、安装可靠、连接牢固、装卸方便，并能传递足够的扭矩。目前，主轴端部的结构形态都已标准化。机床上通用的结构形式见本书第5章表5 - 4。

7.2.3 主轴部件的支承

数控机床主轴支承根据主轴部件的转速、承载能力、回转精度等要求的不同而采用不同种类的轴承。一般中小型数控机床(如车床、铣床、加工中心、磨床)的主轴部件多数采用滚动轴承;重型数控机床采用液体静压轴承;高精度数控机床(如坐标磨床)采用气体静压轴承;超高转速(2 万～10 万 r/min)的主轴可采用磁力轴承或陶瓷滚珠轴承。

根据主轴部件的工作精度、刚度、温升和结构复杂程度,合理配置轴承,可以提高主传动系统的精度。采用滚动轴承支承,有许多不同的配置形式,目前数控机床主轴轴承的配置主要有4 种形式。

① 如图 7-9a 所示,前支撑采用双列短圆柱滚子轴承和 60°角接触球轴承组合,承受径向载荷和轴向载荷,后支撑采用成对角接触球轴承,这种配置可提高主轴的综合刚度,满足强力切削的要求,普遍应用于各类数控机床。

② 如图 7-9b 所示,前轴承采用角接触球轴承,由 2 或 3 个轴承组成一套,背靠背安装,承受径向载荷和轴向载荷,后支承采用双列短圆柱滚子轴承,这种配置适用于高速、重载的主轴部件。

③ 如图 7-9c 所示,前、后支承均采用成对角接触球轴承,以承受径向载荷和轴向载荷,这种配置适用于高速、轻载和精密的数控机床主轴。

④ 如图 7-9d 所示,前支承采用双列圆锥滚子轴承,承受径向载荷和轴向载荷,后支撑采用单列圆锥滚子轴承,这种配置可承受重载荷和较强的动载荷,安装与调整性能好,但主轴转速和精度的提高受到限制,适用于中等精度、低速与重载荷的数控机床主轴。

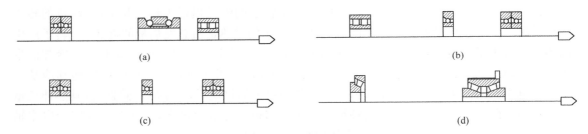

图 7-9 数控机床主轴的配置形式

7.2.4 主轴的准停装置

主轴的准停是指数控机床的主轴每次能准确停止在一个固定的位置上。在数控加工中心上进行自动换刀时,需要让主轴停止转动,并且准确地停在一个固定的位置上,以便换刀。在自动换刀的数控加工中心上,切削扭矩通常是通过刀杆的端面键来传递的,这就要求主轴具有准确定位于圆周上特定角度的功能。此外,在进行反镗、反倒角等加工时,要求主轴实现准停,使刀尖停在一个固定的方位上。为此,加工中心的主轴必须具有准停装置。

目前,准停装置主要有机械式和电气式两种。图 7-10 所示为一种利用 V 形槽轮定位盘的机械式准停装置。在主轴上固定一个 V 形槽定位盘 3,使 V 形槽与主轴上的端面键保持一定的相对位置关系。其工作原理如下:准停前主轴必须处于停止状态,当接收到主轴的准停指令后,主轴电动机以低速转动,主轴箱内齿轮换挡使主轴以低速旋转,时间继电器开始动作,并延时 4～6 s,保证主轴转稳后接通无触点开关 1 的电源,当主轴转到图示位置,即 V 形槽轮定位盘 3 上的感应块 2 与无触点开关 1 相接触后发出信号,使主轴电动机停转;另一延时继电器延时 0.2～0.4 s 后,压力油进入定位液压缸右腔,使定向活塞向左移动,当定向活塞上的定向滚轮 5 顶入定位盘的 V 形槽内时,行程开关 LS2 发出信号,主轴准停完成;重新启动主轴时,需先让压力油进入液压缸左腔,使活塞杆向右移,当活塞杆向右移到位时,行程开关 LS1 发出一个信号,表明定向滚轮 5 已退出凸轮定位盘的凹槽,此时主轴可以启动工作。

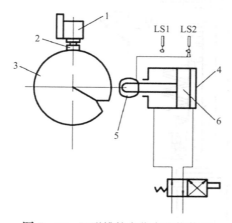

图 7 - 10　V 形槽轮定位盘准停装置

1—无触点开关;2—感应块;3—V 形槽轮定位盘;
4—定位液压缸;5—定向滚轮;6—定向活塞

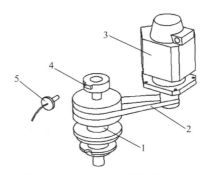

图 7 - 11　电气式主轴准停装置

1—主轴;2—同步齿形带;3—主轴电动机;
4—永久磁铁;5—磁传感器

　　机械准停装置比较准确可靠,但结构较复杂。现代的数控机床一般都采用电气式主轴准停装置,只要数控系统发出指令信号,主轴就可以准确地定向。图 7 - 11 所示为一种用磁传感器检测定向的电气式主轴准停装置。

　　在主轴上安装有一个永久磁铁 4 与主轴一起旋转,在距离永久磁铁 4 旋转轨迹 1～2 mm 处,固定有一个磁传感器 5,当机床主轴需要停转换刀时,数控装置发出主轴停转的指令,主轴电动机 3 立即降速,使主轴以很低的转速回转,当永久磁铁 4 对准磁传感器 5 时,磁传感器发出准停信号,此信号经放大后,由定向电路使电动机准确地停止在规定的周向位置上。这种准停装置机械结构简单,永久磁铁 4 与磁传感器 5 之间没有接触摩擦,准停的定位精度可达 ±1°,能满足一般换刀要求,而且定向时间短,可靠性较高。

7.2.5　主轴的自动换刀装置

　　为了实现刀具在数控机床主轴上进行自动装卸,一方面要保证主轴能在准确的位置停下来,这由主轴准停装置来实现;另一方面还需要有相应的刀具自动松开和夹紧装置。图 7 - 12 所示为具有自动换刀功能的数控铣镗床的主轴部件,主轴前端 7∶24 锥孔用于装夹锥柄刀具或刀杆;主轴的端面键用于传递切削扭矩,也可用于刀具的周向定位;主轴的前支承由锥孔双列圆柱滚子轴承 2 和向心球轴承 3 组成,可以修磨前端的调整半环 1 和轴承 3 的中间调整环 4 进行预紧;后支承采用两个向心推力轴承 8,可以修磨中间调整环 9 实现预紧。

　　在自动交换刀具时要求能自动松开和夹紧刀具。图 7 - 12 所示为刀具的夹紧状态,蝶形弹簧 11 通过拉杆 7、双瓣卡爪 5,在套筒 14 的作用下,将刀柄的尾端拉紧。换刀时,要求松开刀柄。此时,在主轴上端油缸 10 的上腔 A 通入压力油,活塞 12 的端部推动拉杆 7 向下移动,同时压缩蝶形弹簧 11,当拉杆 7 下移到使双瓣卡爪 5 的下端移出套筒 14 时,在弹簧 6 的作用下,卡爪张开,喷气头 13 将刀柄顶松,刀具即可由机械手拨出。待机械手将新刀装入后,油缸

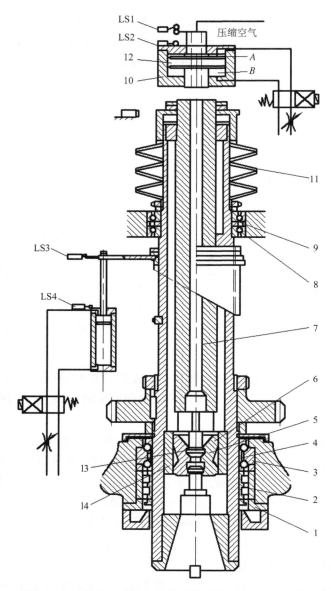

图 7 - 12   具有自动换刀功能的数控铣镗床的主轴部件

1—调整半环;2—锥孔双列圆柱滚子轴承;3—双列向心球轴承;4—调整环;
5—双瓣卡爪;6—弹簧;7—拉杆;8—向心推力球轴承;9—调整环;
10—油缸;11—蝶形弹簧;12—活塞;13—喷气头;14—套筒

10 的下腔 B 通入压力油,活塞 12 上移,蝶形弹簧 11 伸长将拉杆 7 和双瓣卡爪 5 拉着向上,双瓣卡爪 5 重新进入套筒 14,将刀柄拉紧。活塞 12 移动的两个极限位置都有相应的行程开关(LS1、LS2),以提供刀具松开和夹紧的状态信号。活塞 12 对蝶形弹簧的压力如果作用在主轴上,并传至主轴的支承,使它承受附加的载荷,这样不利于主轴支承的工作。因此采用卸荷措施将对蝶形弹簧的压力转化为内力,而不传递到主轴上去。

图 7-13 所示为其卸荷结构,油缸体 7 与连接座 4 固定在一起,但是连接座 4 由螺钉 6 通过压缩弹簧 5 压紧在箱体 3 的端面上。连接座 4 与箱孔为滑动配合。当油缸的右端通入高压油使活塞 8 向左推压拉杆 9 并压缩蝶形弹簧 2 的同时,油缸的右端面也同时承受相同的液压力,因此,整个油缸连同连接座 4、压缩弹簧 5 向右移动,使连接座 4 上的垫圈 11 的右端面与主轴上的螺母 1 的左端面压紧,因此,松开刀柄时对蝶形弹簧的液压力就成了在活塞 8、油缸 7、连接座 4、垫圈 11、螺母 1、蝶形弹簧 2、套环 10、拉杆 9 之间的内力,因而使主轴支承不再承受液压推力。

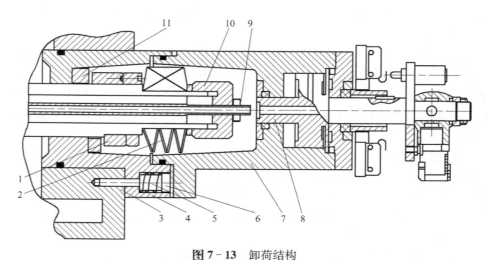

图 7-13　卸荷结构

1—螺母；2—蝶形弹簧；3—箱体；4—连接座；5—压缩弹簧；6—螺钉；7—油缸；
8—活塞；9—拉杆；10—套环；11—垫圈

7.3　进给传动系统及结构

数控机床进给传动系统通常采用无级调速的伺服驱动方式,从而大大简化了机械传动装置的结构。其机械传动装置通常是由一级到二级齿轮或带轮传动副和滚珠丝杠螺母副、齿轮齿条副、蜗轮蜗杆副组成。数控机床要求进给传动系统具有高精度、高稳定性、快速响应等能力。为了满足这样的要求,首先需要有高性能的伺服电动机,同时还需要有高质量的机械传动结构。

数控机床的进给传动系统承担了数控机床各直线坐标轴、回转坐标轴的定位和切削进给,进给系统的传动精度、灵敏度和稳定性直接影响被加工工件的最后轮廓精度和加工精度。因此,在设计数控机床进给传动装置时,必须考虑以下几个方面。

(1) 尽量减小运动件的摩擦阻力。传动机构的摩擦阻力,主要来自丝杠螺母副和导轨。在数控机床进给系统中,为了减小摩擦阻力,消除低速进给爬行现象,提高整个伺服进给系统的稳定性,广泛采用刚度高、摩擦系数小且稳定的滚动摩擦副,如滚珠丝杠螺母副、直线滚动导轨。有些滑动摩擦副,如带塑料层的滑动导轨和静压导轨,由于具有摩擦系数小、阻尼大的特点,在数控机床进给系统中得到广泛应用。

(2) 提高传动精度和刚度。进给传动系统的传动精度和刚度,与滚珠丝杠螺母副、蜗轮蜗杆副及其支承构件的刚度有密切关系。为此,不仅要保证每个零件的加工精度,还要提高滚珠丝杠螺母副(直线进给传动系统)、蜗轮蜗杆副(圆周进给传动系统)的传动精度。另外,在进给传动链中加入减速齿轮传动副,也可以减小脉冲当量,提高传动精度;对滚珠丝杠螺母副和轴承支承进行预紧,消除齿轮、蜗轮蜗杆等传动件间的间隙等措施来提高进给精度和刚度。

(3)减小各运动部件的惯量。进给传动系统由于经常启停、变速或者反向运动,若机械传动装置惯量大,就会增大负载并使系统动态性能变差。因此,在满足传动强度和刚度要求的前提下,应尽可能减小运动部件的惯量。

(4)系统要有适度的阻尼。阻尼虽然会降低进给伺服系统的快速响应特性,但也可增加系统的稳定性。当刚度不足时,运动件之间的适量阻尼可消除工作台低速爬行现象,提高进给传动系统的稳定性。

(5)稳定性好、寿命长。稳定性是伺服进给传动系统能正常工作的基本条件,系统的稳定性包括在低速进给时不产生爬行,在交变载荷下不发生共振。稳定性与系统的惯性、刚性、阻尼、增益等多个因素有关。进给传动系统的寿命,是指保持数控机床传动精度和定位精度的时间。在设计时,应合理选择各传动件的材料、热处理方法及加工工艺,并采用适宜的润滑方式和防护措施,以延长寿命。

7.3.1 齿轮传动副

在数控机床的进给驱动伺服系统中,常采用机械变速装置将电动机输出的高转速、低转矩转换成被控对象所需的低转速、大扭矩,其中应用最广泛的就是齿轮传动副。齿轮传动副设计时要考虑的主要问题是齿轮副的传动级数和转速比分配,以及齿轮间隙的消除。

1)齿轮副传动的传动级数和转速比分配

齿轮传动的传动级数和转速比分配,一方面影响传动件的转动惯量的大小,同时还影响执行件的传动效率。增加传动级数,可以减小传动惯量,但会使传动装置的结构复杂,降低传动效率,增大噪声,同时也加大传动间隙和摩擦损失,对伺服系统不利。若传动链中齿轮转速比按递减原则分配,则传动链起始端的间隙影响较小,末端的间隙影响较大。

2)消除传动齿轮间隙

由于数控机床进给传动系统的传动齿轮副存在间隙,在开环系统中会造成进给运动的位移值滞后于指令值,反向时会出现反向死区,影响加工精度;在闭环系统中,由于有反馈作用,滞后量虽然得到补偿,但反向时会造成伺服系统产生振荡而不稳定。为了提高数控机床伺服系统的性能,可采用下列方法减小或消除齿轮间隙。

(1)刚性调整法。刚性调整法是指在调整后,暂时消除了齿轮间隙,但之后产生的齿轮侧间隙不能自动补偿的调整方法。因此,在调整时,齿轮的周节公差及齿厚要严格控制,否则传动的灵活性会受到影响。常见的方法有偏心轴套调整法和轴向垫片调整法。这些调整方法结构比较简单,且有较好的传动刚度。

图7-14为偏心轴套式调整间隙结构。齿轮1与齿轮3相互啮合,齿轮3装在电动机4输出轴上,电动机则安装在偏心轴套2上,偏心轴套2装在减速箱5的座孔内。通过调整偏心轴套2的转角,可以调整齿轮1和齿轮3之间的中心距,以消除齿轮传动副在正转和反转时的齿轮侧隙。

图7-15为轴向垫片消除间隙的结构。一对啮合着的圆柱齿轮,它们的分度圆直径沿着齿厚方向制成一个较小的锥度,只要改变垫片3的厚度就能使齿轮2沿轴向移动,改变其与齿轮1的轴向相对位置,从而消除了齿侧间隙。装配时垫片3的厚度应使得齿轮1和齿轮2之间的齿侧间隙小,又运转灵活。

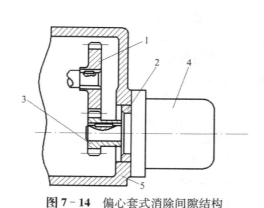

图 7 - 14 偏心套式消除间隙结构

1、3—齿轮；2—偏心轴套；4—电动机；5—减速箱

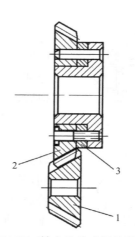

图 7 - 15 轴向垫片式调整结构

1、2—齿轮；3—垫片

（2）柔性调节法。柔性调节法是指调整后，消除了齿轮间隙，而且随后产生的齿侧间隙仍可自动补偿的调整方法。一般是将相啮合的一对齿轮中的一个做成宽齿轮，另一个由两片薄齿轮组成，采取措施使一个薄齿轮的左齿侧和另一个齿轮的右齿侧分别紧贴在宽齿轮齿槽的左、右两侧，以此来消除齿侧间隙，反向时也不会出现死区。但这种结构较复杂，轴向尺寸大，传动刚度低，同时，传动平稳性也较差。这里介绍直齿圆柱齿轮的周向拉簧调整法和斜齿圆柱齿轮的轴向压簧调整法。

图 7 - 16 所示为直齿圆柱齿轮的周向拉簧调整法。两个齿数相同的薄片齿轮 1 和 2 与另一个宽齿轮相啮合，齿轮 1 空套在齿轮 2 上，可以相对转动。齿轮 2 的端面均布四个螺孔，装上凸耳 8，凸耳 8 穿过齿轮 1 端面上的四个通孔，在凸耳 8 安上调节螺钉 7；齿轮 1 的端面也均布四个螺孔，装上凸耳 3；弹簧 4 分别钩在调节螺钉 7 和凸耳 3 上。旋转螺母 5 和 6 调整弹簧 4 的拉力，使薄片齿轮错位，即两片薄齿轮的左、右齿面分别与宽齿轮的右、左两面贴紧，消除了齿侧间隙。如果齿轮磨损后，在弹簧拉力作用下，产生的间隙仍会自动消除。

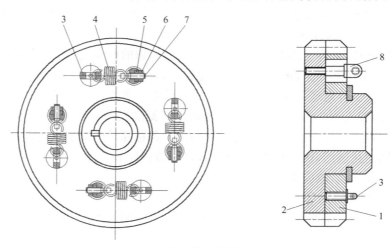

图 7 - 16 周向拉簧调整

1、2—齿轮；3、8—凸耳；4—弹簧；5、6—旋转螺母；7—调节螺钉

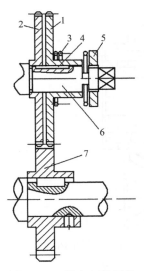

图 7-17 轴向压簧调整

1,2—齿轮;3—压力弹簧;
4—键;5—螺母;6—轴;
7—宽斜齿轮

图 7-17 所示为斜齿圆柱齿轮的轴向压簧调整法,两个薄片斜齿轮 1 和 2 用键 4 滑套在轴 6 上,两个薄片斜齿轮间隔开一小段距离,用螺母 5 来调节压力弹簧 3 的轴向压力,使齿轮 1 和 2 的左、右齿面分别与宽斜齿轮 7 的左、右侧面贴紧,从而消除了齿隙。如果齿轮磨损后,在弹簧压力作用下,间隙仍会自动消除。

7.3.2 滚珠丝杠螺母副

在中小型数控机床的进给传动系统中,滚珠丝杠螺母副的应用较为普遍。滚珠丝杠螺母副的工作原理与普通丝杠螺母副基本相同,都是利用螺旋面的升角使螺旋运动转变为直线运动,不同的是在普通丝杠螺母副中螺母和丝杠之间为滑动摩擦,而在滚珠丝杠螺母副中,则由于在螺母和丝杠的运动面之间填入了滚珠而变成滚动摩擦。因此,滚珠丝杠螺母副的传动要比普通丝杠螺母副灵敏,而且效率高。

1) 滚珠丝杠螺母副的滚珠循环方式

滚珠丝杠螺母副的结构与滚珠循环方式有关,按滚珠的整个循环过程中与丝杠表面的接触情况,滚珠丝杠螺母副可分为内循环和外循环两种方式。

① 内循环方式的滚珠在循环过程中始终与丝杠表面保持接触。如图 7-18 所示,在螺母 2 的侧面孔内装有接通相邻滚道的反向器 4,利用反向器引导滚珠 3 越过丝杠 1 的螺纹顶部进入相邻滚道,形成一个循环回路,成为一列。一般在同一螺母上装有 2~4 个反向器,并沿螺母圆周均匀分布。内循环方式的优点是滚珠循环的回路短、流畅性好、效率高、螺母的径向尺寸也较小,但制造精度要求高。

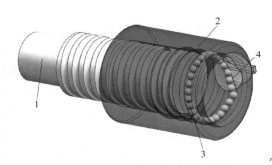

图 7-18 滚珠丝杠副的内循环方式

1—丝杠;2—螺母;3—滚珠;4—反向器

② 外循环方式的滚珠在循环反向时,离开丝杠螺纹滚道,在螺母体内或体外做循环运动。如图 7-19 所示外循环,弯管 1 两端插入与螺纹滚道 6 相切的两个孔内,弯管两端部引导滚珠 4 进入弯管,形成一个循环回路,再用压板 2 和螺钉将弯管固定。插管式外循环结构简单,制造容易,但径向尺寸大,且弯管两端耐磨性和抗冲击性差。若在螺母外表面上开槽与切向孔连接,在螺纹滚道内装入两个挡珠器,代替弯管,则为螺旋槽式外循环,螺母径向尺寸较小,但槽与孔的接口为非圆滑连接,滚珠经过时易产生冲击。若在螺母两端加端盖,端盖上开槽引导滚珠沿螺母上的轴向孔返回,则为端盖式外循环,这种方式结构简单,但滚道衔接和弯曲处不易做到准确而影响其性能,故应用较少。

2) 滚珠丝杠螺母副的预紧方法

滚珠丝杠螺母副预紧的基本原理是使两个螺母产生轴向位移,以消除它们之间的间隙和施加预紧力。

图 7-20 所示为通过修磨垫片的厚度来调整轴向间隙并施加预紧力的结构。这种调整方法具有结构简单可靠、刚性好、装卸方便等优点,但调整较费时间,很难在一次修磨中完成调整。

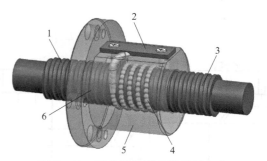

图 7 - 19　滚珠丝杠副的外循环方式

1—弯管；2—压板；3—丝杠；4—滚珠；5—螺母；6—螺纹管道

　　图 7 - 21 所示为利用两个锁紧螺母来调整螺母的轴向位移来实现预紧的结构。两个螺母靠平键与外套相连,其中右边的一个螺母外伸部分有螺纹。用锁紧螺母 1、2 可使螺母相对丝杠做轴向移动,在消除了间隙之后将其锁紧。这种调整方法具有结构紧凑、工作可靠、调整方便等优点,故应用较广,但调整位移量不易精确控制,因此,预紧力也不能准确控制。

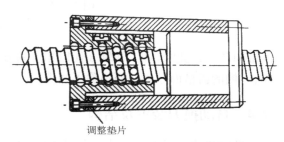

调整垫片

图 7 - 20　垫片调整间隙和施加预紧力

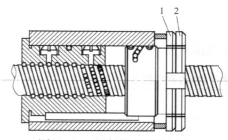

图 7 - 21　锁紧螺母调整间隙

1、2—锁紧螺母

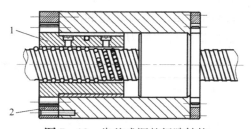

图 7 - 22　齿差式调整间隙结构

1—外齿轮；2—内齿轮

　　图 7 - 22 所示为利用双螺母齿差式调整间隙的结构。在两个螺母的凸缘上分别切出齿数差为 1 的齿轮,这两个齿轮分别与两端相应的内齿轮啮合,内齿轮紧固在螺母座上。预紧时脱开内齿圈,使两个螺母同向转过相同的齿数,然后再合上内齿圈。两螺母的轴向相对位移发生变化,从而实现间隙的调整和施加预紧力。这种调整方法的结构复杂,但调整方便,并可以获得精确的调整量,可实现定量的精密微调,是目前应用较为广泛的一种结构。

7.3.3　齿轮齿条副

　　齿轮齿条传动也常应用于行程较长的大型机床上,其传动比大,刚度和效率也比较高,还容易得到高速直线运动,但传动不够平稳,传动精度不高,且不能自锁。

　　采用齿轮齿条副传动时,必须采取措施消除齿侧间隙。当传动负载小时,也可以采用双片薄齿轮调整法,分别与齿条的左、右两侧齿槽面紧贴,从而消除齿侧间隙。当传动负载大时,可采用双厚齿轮传动的结构,图 7 - 23 所示为这种消除间隙方法的原理,进给运动由轴 2 输入,该轴上装有两个螺旋线方向相反的斜齿轮,当轴 2 上施加轴向力 F 时,能使斜齿轮产生微量

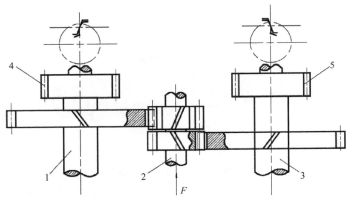

图 7 - 23　齿轮齿条副消除间隙的方法

1～3—轴；4、5—齿轮

的轴向移动。此时,轴 1 和轴 3 便以相反的方向转过微小的角度,使齿轮 4 和 5 分别与齿条的左、右侧的齿槽面贴紧从而消除了间隙。

7.4　自动换刀装置及结构

数控机床为了能在工件一次装夹中完成多道加工工序,缩短辅助时间,减小多次安装工件所引起的误差,必须带有自动换刀装置。自动换刀装置应当满足换刀时间短、刀具重复定位精度高、刀具储存量足够、刀库占地面积小、安全可靠等基本要求。

7.4.1　自动换刀装置的形式

数控机床自动换刀装置的主要类型、特点及适用范围见表 7-1。

表 7 - 1　自动换刀装置的主要类型、特点及适用范围

类　　型		特　　点	适 用 范 围
旋转刀架	回转刀架	多为顺序换刀,换刀时间短,结构简单紧凑,容纳刀具较少	各种数控车床,车削中心
	转塔头	顺序换刀,换刀时间短,刀具主轴都集中在砖塔头上,结构紧凑,但刚性较差,刀具主轴数受限制	数控钻床、镗床、铣床
刀库式	刀库与主轴之间直接换刀	换刀运动集中,运动部件少,但刀库运动多,布局不灵活,适应性差	各种类型的自动换刀数控机床,尤其是对使用回转类刀具的数控镗铣床,钻镗类立式、卧式加工中心机床,要根据工艺范围和机床特点,确定刀库容量和自动换刀装置类型。也用于加工工艺范围广的立、卧式车削中心机床
	用机械手配合刀库进行换刀	刀库只有选刀运动,机械手进行换刀,比刀库换刀运动惯性小,速度快。	
	用机械手、运输装置配合刀库换刀	换刀运动分散,由多个部件实现,运动部件多,但布局灵活,适应性好	
有刀库的转塔头换刀装置		弥补转塔换刀装置数量不足的缺点,换刀时间短	扩大工艺范围的各类转塔式数控机床

1）自动回转刀架

自动回转刀架是数控车床上使用的一种简单的自动换刀装置,有四方刀架、六角刀架等多种形式,回转刀架上分别安装有四把、六把或更多的刀具,并按数控指令进行换刀。回转刀架又有立式和卧式两种,立式回转刀架的回转轴与机床主轴成垂直布置,结构比较简单,经济型数控车床多采用这种刀架。

回转刀架在结构上必须具有良好的强度和刚度,以承受粗加工时切削抗力和减小刀架在切削力作用下的变形,提高加工精度。回转刀架还要选择可靠的定位方案和合理的定位结构,以保证回转刀架在每次转位后具有较高的重复定位精度(一般为 0.001~0.005 mm)。图 7-24 所示为螺旋升降式四方刀架,它的换刀过程如下。

(1)刀架抬起。当数控装置发出换刀指令后,电动机 22 正转,并经联轴套 16、轴 17,由滑键(或花键)带动蜗杆 18、蜗轮 2、轴 1、轴套 10 转动。轴套 10 的外圆上有两处凸起,可在套筒 9 内孔中的螺旋槽内滑动,从而举起与套筒 9 相连的刀架 8 及上端齿盘 6,使上端齿盘 6 与下端齿盘 5 分开,完成刀架抬起动作。

(2)刀架转位。刀架抬起后,轴套 10 仍在继续转动,同时带动刀架 8 转过 90°、180°、270° 和 360°,并由微动开关 19 发出信号给数控装置。具体转过的度数由数控装置的控制信号确定,刀架上的刀具位置一般采用编码盘来确定。

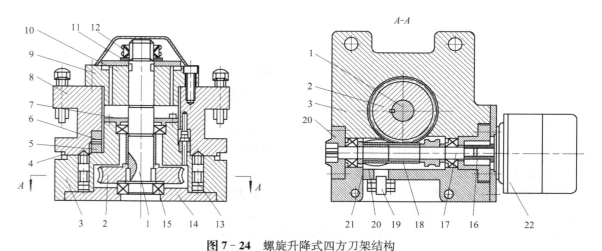

图 7-24　螺旋升降式四方刀架结构

1、17—轴;2—蜗轮;3—刀座;4—密封圈;5—下端齿盘;6—上端齿盘;7—压盖;8—刀架;9—套筒;
10—轴套;11—垫圈;12—螺母;13—销;14—底盘;15—轴承;16—联轴套;18—蜗杆;
19—微动开关;20—套筒;21—压缩弹簧;22—电动机

(3)刀架压紧。刀架转位后,由微动开关发出的信号使电动机 22 反转,销 13 使刀架 8 定位而不随轴套 10 回转,于是刀架 8 向下移动。上、下端面齿盘 6、5 合拢压紧。蜗杆 18 继续转动则产生轴向位移,压缩弹簧 21,套筒 20 的外圆曲面,微动开关 19 使电动机 22 停止旋转,从而完成一次转位。

2) 转塔头式换刀装置

一般数控机床常采用转塔头式换刀装置,如数控车床的转塔刀架,数控钻镗床的多轴转塔头等。转塔头上装有几个主轴头,在各个主轴头上,预先安装有各工序所需的旋转刀具,加工过程中转塔头可自动转位实现自动换刀。当发出换刀指令时,各种主轴头依次转到加工位置,并接通主运动,使相应的主轴带动刀具旋转,而其他处于不同加工位置的主轴都与主运动脱开。主轴转塔头相当于一个转塔刀库,其换刀方式的主要优点在于省去了自动松夹、卸刀、装刀、夹紧以及刀具搬运等一系列复杂操作,缩短了换刀时间,仅为 2 s 左右,提高了换刀可靠性,由于受空间位置的限制,主轴数目不能太多,主轴部件结构不能设计得十分坚固,影响了主轴系统的刚度,它通常只适用于工序较少,精度要求不高的数控机床,如数控钻床、数控铣床等。如图 7-25 所示为卧式八轴转塔头。

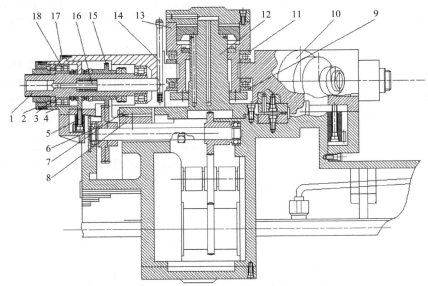

图 7-25 卧式八轴转塔头

1—主轴;2—端盖;3—螺母;4—套筒;5、6、15—齿轮;7、8—鼠齿盘;
9、11—推力轴承;10—转塔刀架体;12—活塞;13—中心液压缸;
14—操纵杆;16—顶杆;17—螺钉;18—轴承

7.4.2 带刀库的自动换刀系统

由于回转刀架、转塔头式换刀装置的刀具数量不能太多,满足不了复杂零件的加工需要。自动换刀数控机床多采用刀库式自动换刀装置。带刀库的自动换刀系统由刀库和刀具交换机构组成,它是多工序数控机床上应用最广泛的换刀方法。整个换刀过程较为复杂,首先把加工过程中需要使用的全部刀具分别安装在标准的刀柄上,在机外进行尺寸预调整之后,按一定的方式放入刀库,换刀时先在刀库中进行选刀,并由刀具交换装置从刀库和主轴上取出刀具。在进行刀具交换之后,将新刀具装入主轴,把旧刀具放入刀库。存放刀具的刀库具有较大的容量,它既可安装在主轴箱的侧面或者上方,也可作为单独部件安装到机床以外。常见的刀库形式有盘形刀库、链形刀库、格子箱刀库三种。

带刀库的自动换刀装置的数控机床主轴箱内只有一个主轴,设计主轴部件时需尽可能增强它的刚度,以满足加工精度的要求。另外,刀库可以存放数量很大的刀具(可以多达 100 把以上),因而能够进行复杂零件的多工序加工,这样就明显地提高了机床的适应性和加工效率。所以带刀库的自动换刀装置特别适用于数控钻床、数控镗床和加工中心,其换刀形式很多,以下介绍两种典型的换刀方式。

1) 直接在刀库与主轴(或刀架)之间换刀的自动换刀装置

这种换刀装置只具备一个刀库,刀库中储存着加工过程中需要的各种刀具,利用机床本身与刀库的运动实现换刀过程。图 7-26 所示为自动换刀数控立式车床示意图,刀库 7 固定在横梁 4 的右端,它可做回转以及上、下方向的插刀和拔刀运动。机床自动换刀的过程如下。

（1）刀架快速右移，使其上的装刀孔轴线与刀库上空刀座的轴线重合，然后刀架滑枕向下移动，把用过的刀具插入空刀座。

（2）刀库下降，将用过的刀具从刀架中拔出。

（3）刀库回转，将下一工步所需要使用的新刀具轴线对准刀架上装刀孔轴线。

（4）刀库上升，将新刀具插入刀架装刀孔，接着由刀架中自动夹紧装置将其夹紧在刀架上。

（5）刀架带着换上的新刀具离开刀库，快速移向加工位置。

2）用机械手在刀库与主轴之间换刀的自动换刀装置

这是目前使用最为普遍的一种自动换刀装置，其布局结构多种多样。图 7 - 27 所示为 JCS - 013 型自动换刀数控卧式镗铣床所用自动换刀装置示意图，四排链式刀库分置机床的左侧，由装在刀库与主轴之间的单臂往复交叉双机械手进行换刀，换刀过程可用图 7 - 25a—i 的分图所示实例加以说明。

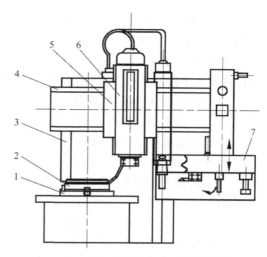

图 7 - 26　自动换刀数控立式车床示意图

1—工作台；2—工件；3—立柱；4—横梁；
5—刀架滑座；6—刀架滑枕；7—刀库

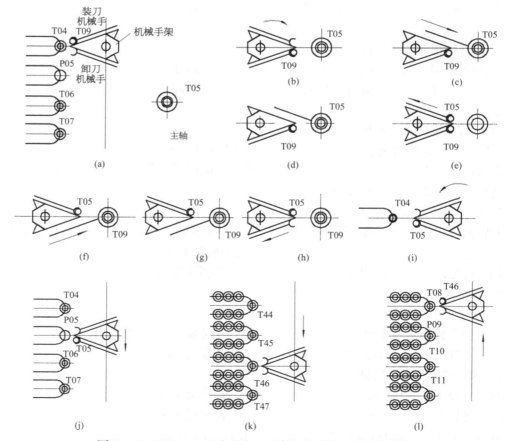

图 7 - 27　JCS - 013 型自动换刀机床的自动换刀过程示意图

（a）开始换刀前状态，主轴正在用 T05 号刀具进行加工，装刀机械手已抓住下一工步所需用的 T09 号刀具，机械手架处于最高位置，为换刀做好了准备。

（b）上一工步结束，机床立柱后退，主轴箱上升，使主轴处于换刀位置。接着下一工步开始，其第一个指令是换刀，机械手架回转 180°，转向主轴。

（c）卸刀机械手前伸，抓住主轴上已用过的 T05 号刀具。

（d）机械手架由滑座带动，沿刀具轴线前移，将 T05 号刀具从主轴上拔出。

（e）卸刀机械手缩回原位。

（f）装刀机械手前伸，使 T09 号刀具对准主轴。

（g）机械手架后移，将 T09 号刀具插入主轴。

（h）装刀机械手缩回原位。

（i）机械手架回转 180°，使装刀、卸刀机械手转向刀库。

（j）机械手架由横梁带动下降，到第二排刀套链，卸刀机械手将 T05 号刀具插回 P05 号刀套中。

（k）刀套链转动，把在下一个工步需用的 T46 号刀具送到换刀位置；机械手架下降，找第三排刀套链，由装刀机械手将 T46 号刀具取出。

（l）刀套链反转，把 T09 号刀套送到换刀位置，同时机械手架上升至最高位置，为下一个工步的换到做好准备。

7.4.3　机械手

在自动换刀数控机床中，机械手的形式也是多种多样的，常见的有如图 7 - 28 所示几种形式。

1）单臂单爪回转式机械手

单臂单爪回转式机械手的手臂可以回转不同的角度，进行自动换刀，手臂上只有一个卡爪，不论在刀库上还是在主轴上，均靠这一卡爪来装刀和卸刀，因此换刀时间较长，如图 7 - 28a 所示。

2）单臂双爪回转式机械手

单臂双爪回转式机械手的手臂上有两个卡爪，两个卡爪有所分工：一个卡爪执行从主轴上取下旧刀送回刀库的任务；另一个卡爪则执行由刀库取出"新刀"送到主轴的任务，其换刀时间较上述单爪回转式机械手短，如图 7 - 28b 所示。

3）双臂回转式机械手

双臂回转式机械手的两臂各有一个卡爪，两个卡爪可同时抓取刀库及主轴上的刀具，回转 180°后又同时将刀具放回刀库及装入主轴，其换刀时间较前两种单臂回转式机械手均短，是最常用的一种形式。如图 7 - 28c 所示，右边的一种机械手在抓取或将刀具送入刀库及主轴时，两臂可伸缩。

4）双机械手

双机械手相当于两个单臂单爪机械手，互相配合起来进行自动换刀。其中一个机械手从主轴上取下"旧刀"送回刀库，另一个机械手由刀库取出"新刀"装入主轴，如图 7 - 28d 所示。

5）双臂往复交叉式机械手

双臂往复交叉式机械手的两手臂可以往复运动，并交叉成一定角度。一个手臂从主轴取下"旧刀"送回刀库，另一个手臂由刀库取出"新刀"装入机床主轴。整个机械手可沿某导轨直线移动或绕某个转轴回转，以实现刀库与主轴间的运刀工作，如图 7 - 28e 所示。

6) 双臂端面夹紧式机械手

双臂端面夹紧式机械手只是在夹紧部位上与前几种不同,前几种机械手均靠夹紧刀柄的外圆表面以抓取刀具,这种机械手则夹紧刀柄的两个端面,如图 7 - 28f 所示。

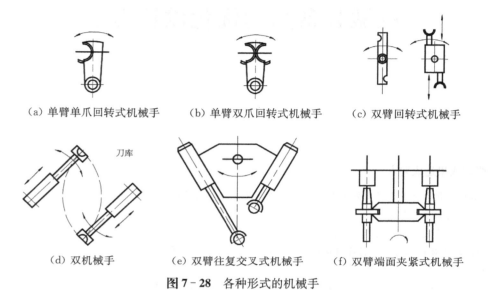

(a) 单臂单爪回转式机械手   (b) 单臂双爪回转式机械手   (c) 双臂回转式机械手

(d) 双机械手   (e) 双臂往复交叉式机械手   (f) 双臂端面夹紧式机械手

图 7 - 28 各种形式的机械手

思考与练习

1. 数控机床主轴为何需要"准停"? 如何实现"准停"?

2. 数控机床主轴部件的滚动轴承配置有哪几种形式? 适用于什么场合?

3. 试述滚珠丝杆副的优、缺点和使用场合。

4. 滚珠丝杠副中的滚珠循环方式可分为哪两类? 试比较其结构特点及应用场合。

5. 试述滚珠丝杠副轴向间隙调整及预紧的基本原理。常用的调隙及预紧的结构形式有哪几种? 各有什么特点?

6. 数控机床的主轴传动方式有哪几种? 各有何特点?

7. 数控机床的进给传动方式和结构具有哪些显著的特点?

第 8 章

机械装备结构优化设计方法

◎ **学习成果达成要求**

结构优化设计是近年来发展的机械装备结构设计的新技术,对于提高机械装备结构机械性能、减轻结构自重具有重要意义。

学生应达成的能力要求包括:

1. 能针对具体的机械装备结构设计问题,选择合理的优化设计方法,并建立正确的优化设计数学模型。

2. 能用商用结构分析和优化软件,解决简单机械装备结构设计问题。

《《《

任何机械装备结构的结构型式、形状和尺寸都必须根据设计准则,由工程师给定。怎样的结构是在满足使用要求条件下的最优结构? 这就是结构优化设计(structural design optimization)要解决的主要问题。

要得到"最优"结构,必须明确两个问题:一是设计结果优劣的判定依据;二是按照判据评定结构"优劣"的工具。设计结果"优劣"的判据由设计要求决定,一般有以下三种:一是结构能够实现的功能,如机床的床身,需能够安装所有在其上固定或运动的部件,也必须保证切屑能顺利排出以及冷却的功能,同时须和整机的外形相协调;二是结构的强度、刚度、稳定性,以及可靠性等性能,这是结构保证正常使用的基本条件,如机床的床身,需要有足够的动静态刚度,以保证机床的加工精度和加工效率;三是经济性,即保证结构正常使用的条件下,结构在制造、安装、运输等过程中经济性能良好。以上三种条件互相制约、关系复杂。所谓"最优"设计,就是在保证这些条件之间某种平衡的同时,使某一种或若干种性能最优的设计。20 世纪 60 年代以来,电子计算机的出现,有限元方法和数学规划理论的发展,使得人们不仅有了强大的结构分析工具来判定结构的"优劣",而且有了系统的方法来改进设计和优化设计,结构优化设计这一领域得到了迅速的发展,成为计算力学的一个重要分支。

与传统优化设计方法不同,结构优化设计方法是建立在理论分析基础上的科学技术。它将结构分析、计算力学、数学规划、计算机科学和数值计算技术等学科融为一体,借助科学的计算方法和工具,自动完成设计方案或模型的修改过程。因此,结构优化设计既是传统设计的扩展和延伸,也是现代创新设计领域的重要核心技术与定量设计方法,它使设计者由被动的分析校核转变为主动设计控制。

8.1　结构优化设计的基本概念

8.1.1　优化数学模型及优化设计的三要素

结构优化设计需要把设计要求和设计目标,如结构体积、质量、位移、应力、应变、内力、频率、振型、频响函数等,以数学公式的形式表达出来,并对与这些结构性能相关的结构参数进行筛选,即对优化设计问题进行数学建模。结构优化设计通过将结构设计所应满足的各种要求和目标转化为数学模型,然后采用寻优方法找到最优解。通用的优化数学模型可表示为:

$$\text{find}\quad \boldsymbol{x}=[x_1,\ x_2,\ \cdots,\ x_n]^{\mathrm{T}}$$
$$\min f(\boldsymbol{x})$$
$$\text{s. t.}\quad g_j(\boldsymbol{x})\leqslant 0\quad j=1,\ 2,\ \cdots,\ m$$

(8-1)

式中,向量 $\boldsymbol{x}$ 为设计变量,$f(\boldsymbol{x})$ 是目标函数,$g(\boldsymbol{x})$ 为约束条件,n 为设计变量的个数,m 为约束条件的个数。其含义是找到一组参数(设计变量),在满足一系列对参数(设计变量)选择的限制条件(约束条件)下,使设计指标(目标函数)达到最小值。

从式(8-1)可看出,一个结构优化设计问题包含三个要素,即设计变量、设计目标函数和约束条件。

1) 设计变量

设计变量是优化过程中需要选定或有待确定的变量,这些变量必须与结构的性能密切相关,而且只有线性独立的设计参数才是设计变量。设计变量是结构优化设计数学模型中的一个重要组成部分,结构优化设计就是要得到最终符合所有条件的最优设计变量参数。按照变量的性质,可将设计变量分为以下四类:①材料性能设计变量,如弹性模量 E、泊松比 μ;②构件尺寸设计变量,如杆件的横截面积 A、壳的厚度 t;③结构形状设计变量,如结构的构型控制节点位置;④结构拓扑设计变量,如单元的伪密度等。

2) 目标函数

一个结构设计的"优劣",总是以某一个或多个指标来衡量,这些指标就是结构优化设计问题的目标函数,它是设计变量的函数。目标函数随设计问题的不同而不同,如飞行器设计、汽车零部件设计中,经常以结构重量为目标函数,因为设计超重,不仅燃料消耗大,运行费用高,而且会使产品达不到要求的速度、里程及高度,直接影响产品的使用性能;而在机械工业中,结构的变形、应力或动力学性能经常作为目标函数,如机床床身,可采用静刚度或动刚度为设计目标,因为床身的动静态性能直接影响机床的加工精度和加工效率。还有大量的实际问题,需要实现多个设计目标优化,如汽车设计不仅要求成本和能耗低,还要保证良好的耐撞性,这就是多目标优化问题。

3) 约束条件

约束条件反映了在优化设计过程中应该满足的设计准则,设计应该符合设计规范及要求。约束条件一般可以划分为两大类,即常量约束和约束方程。在结构优化设计中常量约束是指设计变量允许的取值范围,一般是设计规范的要求。约束方程则是根据结构强度、刚度、稳定性要求所建立起来的方程式,一般以设计变量为自变量。具体来说,约束条件包括几何约束、应力约束、位移约束、频率约束等。几何约束是对结构的几何尺寸加以限制,而应力约束则是指结构的强度不能超出允许的应力范围,稳定性也必须在一定的临界应力的范围内,位移约束是指结构的某些部位不能有过大的位移,频率约束是为了避免产生共振而必须对结构的自振

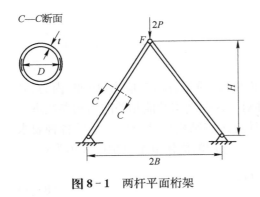

图 8-1 两杆平面桁架

频率施加的约束。

以图 8-1 所示的由两根钢管在 F 点铰支组成的两杆平面桁架为例,说明建立优化设计数学模型的过程。结构在 F 点受到垂直荷载 $2P$,假定管壁厚度为 t,半跨长度为 B。设计的要求是选择钢管的平均直径 D 和桁架的高度 H 以达到重量最小。要求这些杆件既不发生塑性变形又不失稳。给定外荷载 $P = 150\ 000$ N,$B = 75$ cm,$t = 0.25$ cm,材料的弹性模量 $E = 2.1 \times 10^6$ kg/cm^2,密度 $\rho = 0.007\ 8$ kg/cm^3,屈服应力 $\bar{\sigma} = 7\ 030$ kg/cm^2。由于制造的原因,对于 D 和 H 有最大值和最小值的限制,它们是 $\underline{D} = 3.0$ cm,$\overline{D} = 6.5$ cm,$\underline{H} = 40$ cm,$\overline{H} = 75$ cm(字母下带横杠表示该字母所代表的量的下界,字母上带横杠表示相应量的上界)。

该问题中的指定参数为 B,t,E,ρ,$\bar{\sigma}$,$\underline{D}$,$\overline{D}$,$\underline{H}$ 和 $\overline{H}$,设计变量为 D 和 H。该问题的目标函数是结构的重量,设计受到的约束条件为:圆管杆件中的压应力应该小于或等于压杆稳定的欧拉临界应力 σ_{cr};圆管杆件中的压应力应小于或等于材料的屈服应力 $\bar{\sigma}$;管子的平均直径 D 和桁架的高度 H 受到上、下界的限制。利用设计变量和指定参数,目标函数圆管的重量可表示成:

$$W = 2\rho AL = 2\pi\rho Dt(B^2 + H^2)^{\frac{1}{2}}$$

式中,L 为杆长,$L = (B^2 + H^2)^{\frac{1}{2}}$;杆件面积 $A \approx \pi Dt$。

圆管杆件中的压应力 σ 为:

$$\sigma = \frac{P(B^2 + H^2)^{\frac{1}{2}}}{\pi tDH}$$

两端铰支压杆失稳时的欧拉临界应力 σ_{cr} 为

$$\sigma_{cr} = \frac{\pi^2 EJ}{L^2 A} = \frac{\pi^2 ED^2}{8(B^2 + H^2)}$$

式中,$J \approx \dfrac{\pi D^3 t}{8}$ 为圆管断面的惯性矩。

归纳起来,问题可以表示为:求最优的 D 和 H,使目标函数最小,即:

$$\min W = 2\pi\rho Dt(B^2 + H^2)^{\frac{1}{2}}$$

$$\text{s. t. } \frac{P(B^2 + H^2)^{\frac{1}{2}}}{\pi tDH} \leqslant \frac{\pi^2 ED^2}{8(B^2 + H^2)}$$

$$\frac{P(B^2 + H^2)^{\frac{1}{2}}}{\pi tDH} \leqslant \bar{\sigma}$$

$$\underline{D} \leqslant D \leqslant \overline{D}$$

$$\underline{H} \leqslant H \leqslant \overline{H}$$

将前面给出的指定参数代入这些公式中,可以把问题写得更具体。

8.1.2 结构优化设计问题的分类

结构优化设计主要依赖于目标函数、约束条件和设计变量的类型,不同的设计变量需要用不同的数学方法来处理。结构优化按照设计变量的类型和求解问题的难易程度,可分为尺寸优化(尺寸变量)、形状优化(形状变量)和拓扑优化(拓扑变量)三个层次,分别对应于三个不同的产品设计阶段,即详细设计、基本设计及概念设计三个阶段,结构优化设计的三个层次和对应的产品设计阶段如图 8 - 2 所示。根据问题的复杂程度,通常认为拓扑优化设计比形状优化设计和尺寸优化设计更具难度。

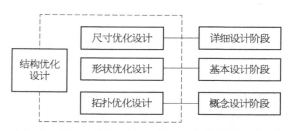

图 8 - 2　结构优化的三个层次及对应的产品设计阶段

1) 拓扑优化(topology optimization)

拓扑优化是指通过寻求结构的最优拓扑布局,包括连续体结构内有无孔洞,孔洞的数量、位置,桁架结构内杆件的有无以及相互连接方式等,使得结构能够在满足一切有关平衡、应力、位移等约束条件的情形下,将外荷载传递到支座,同时使得结构的某种性能指标达到最优。拓扑优化是一种比尺寸优化、形状优化更高层次的优化方法,也是结构优化中最为复杂的一类问题。拓扑优化处于结构的概念设计阶段,其优化结果是一切后续设计的基础。当结构的初始拓扑不是最优拓扑时,尺寸和形状优化可能导致次优结构的产生,因此在初始概念设计阶段需要确定结构的最佳拓扑形式。在新结构(或产品)开发过程中,若无设计资料可借鉴,则拓扑优化将起到非常重要的作用,因此拓扑优化设计对理论界有很强的挑战性,对工程界也有很大的吸引力。

对于离散的杆系结构,如桁架或框(刚)架结构,拓扑优化确定结构最佳的传力路线,或者是最少的构件数量及正确的连接形式,确定节点以及节点之间的杆件在空间的排列顺序,如图 8 - 3a 所示的设计模型,通过结构拓扑优化设计,可得到图 8 - 3b 所示的最优桁架结构。对于连续体,拓扑优化要在给定的设计区域内,对一定量(质量或体积)的材料进行合理配置和分布,使结构在给定载荷下,满足结构某项性能最优的设计准则要求,通常这种设计准则是"最大刚度"或"最大频率"等。图 8 - 4 为一个连续体结构拓扑优化设计例,图 8 - 4a 所示是初始设计模型,四角简支的壳体承受中心集中载荷作用;图 8 - 4b 所示是设计结果,其中黑色表示有材料,白色表示没有材料,可见拓扑优化的结果给出了最佳的材料分布形态。拓扑优化设计由于设计自由度大,比形状优化和尺寸优化的设计效益高,更能节省材料,其基本的理念可理解为:将低效的构件或材料从设计区域内删除,使结构以最佳的布局方式传递外力。

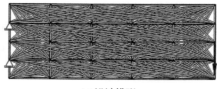
(a) 设计模型

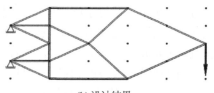
(b) 设计结果

图 8 - 3　桁架结构拓扑优化设计例

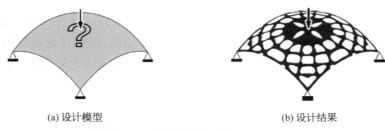

(a) 设计模型　　　　　　　　　　　(b) 设计结果

图 8 - 4　连续体结构拓扑优化设计例

2）形状优化（shape optimization）

结构形状优化设计是通过更新设计域的形状和边界，寻求结构最理想的边界和几何形状，同时获得最优的性能指标。在连续体结构中，可确定结构内部或外部的几何边界形状，或两种材料之间的界面形状；在桁架或刚架结构中，可通过控制节点的位置来确定形状。形状优化属于可动边界问题，其目的是为了改善结构内力传递路径，以达到结构最优的力学性能。图 8 - 5a、b 分别为桁架结构和连续体结构形状优化设计的例子，图 8 - 5a 的上图是初始设计，下图是最优形状；图 8 - 5b 为优化设计后，结构中心的圆孔变成了椭圆孔。由图所知，形状优化不改变结构原来的拓扑构型设计，既不增加新的空洞或节点，也不允许有孔洞或节点重合而引起单元删除现象。

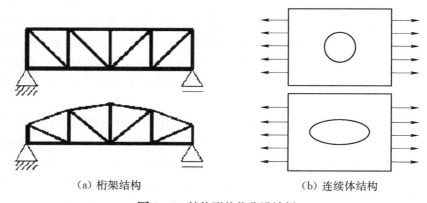

（a）桁架结构　　　　　　　　　　　（b）连续体结构

图 8 - 5　结构形状优化设计例

3）尺寸优化（size optimization）

在优化设计过程中，以结构的尺寸参数作为设计变量，如桁架的杆件横截面尺寸、板的厚度和复合材料的分层厚度或铺层角度等，在满足结构的力学控制方程、边界条件以及诸多性态约束条件的前提下，寻求一组最优的结构尺寸参数，使得关于结构性能的某种指标函数达到最优。与拓扑优化或形状优化相比，尺寸优化比较简单。因为在优化过程中，不需要有限元网格重新划分，而且设计变量与刚度矩阵一般是线性或简单的非线性关系。图 8 - 6 为一个桁架结构尺寸优化的例子，通过寻求一组最优的桁架中各杆的截面积，在满足受载点位移约束的前提下，使桁架的重量最小。图 8 - 6a 为初始设计模型，图 8 - 6b 是最终的设计结果，图中加黑的线条表示应有的杆件，线条的粗细表示杆件的截面积大小。

8.1.3　求解结构优化问题的途径

求解结构优化问题有各种方法，其中最主要的是数学规划法（mathematical programming，

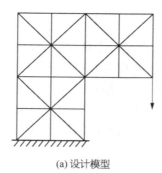 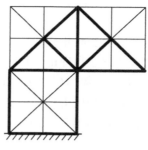

(a) 设计模型　　　　　　　　　　　(b) 设计结果

图 8 - 6　桁架结构尺寸优化设计例

MP)和优化准则法(optimality criteria, OC)。下面由简单到复杂,列出相关的求解优化问题的途径。

1) 枚举法

为了求得最优解,最自然的想法是对所有可能的设计进行逐个检查,判断是否可行,若可行,则进一步比较它们的目标值,从中选取最优的,这就是枚举法。

2) 网格法

由于一般设计变量在一定范围内可以任意取值,因此即使对最简单的问题,也无法穷尽所有可能的设计。作为枚举法的一个近似处理方法,可使设计变量从初值开始,以一定的步长增长,直到最大值为止。对每一个取值,判断其是否可行,并对可行解比较目标值,最终确定最优解,这种方法即为网格法。网格法的优点是简单,但仅适用于最简单的问题,因为随着设计变量的增加及步长的缩短,计算量急剧增长,且步长不能过大,否则有可能丢失最优解。

3) 图解法

图解法是在设计空间中画出可行域和目标函数的等值面,再在图形上找出既在可行域内(或其边界上),又使目标值最小的设计点的位置。对式(8 - 2)所示的设计问题,可画出图 8 - 7 所示的可行域和目标函数等值线,最终可得到与约束 h_1 与 h_2 的交点为最优设计点 $X^*(2,4)$,此时目标函数值为 -18。一般情况下,最优点可能出现在约束曲面与目标函数等值面的切点上,也可能出现在可行域内部。显然,图解法很直观,但由图解法得到的解较粗糙,且难以适用于设计变量多于三个的问题。

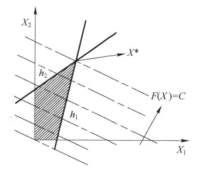

图 8 - 7　可行域与最优解

$$\min f(\boldsymbol{x}) = -x_1 - 4x_2$$
$$h_1(\boldsymbol{x}) = 4x_1 - x_2 \leqslant 4$$
$$h_2(\boldsymbol{x}) = -x_1 + x_2 \leqslant 2$$
$$s.t. \quad h_3(\boldsymbol{x}) = x_1 \geqslant 0$$
$$h_4(\boldsymbol{x}) = x_2 \geqslant 0 \tag{8-2}$$

除了上述各种方法,对于简单问题有时还可采用解析法求出闭合形式的解。但是对于大多数工程实际的结构优化问题,以上方法都很难实施,一般需采用数值方法迭代求解,从 20 世纪 60 年代初期开始,在结构优化领域,这类基于迭代的数值优化方法基本上沿着两个方向发展,即数学规划法和准则设计法。

4）数学规划法

数学规划法是 20 世纪 50 年代前后蓬勃发展起来的一个数学分支,研究形如式(8-1)的非线性规划问题的求解方法和理论。根据设计变量、约束条件和目标函数的不同特点,存在许多不同的求解方法,形成了数学规划法中的不同分支。一般可描述为:从一个初始设计 $x^{(i)}$ 出发,对结构进行分析,利用分析得到的信息,按照某种方法决定一个可以使目标函数减少且满足某种要求的探索方向 $d^{(i)}$,然后再决定沿这个方向应当前进的探索步长 $\alpha^{(i)}$,得到一个改进设计。迭代公式为:

$$x^{(i+1)} = x^{(i)} + \alpha^{(i)} d^{(i)} \tag{8-3}$$

对于得到的新设计 $x^{(i+1)}$,检查某种收敛准则,如果不满足,则以 $x^{(i+1)}$ 为出发点重新进行分析和设计。决定探索方向 $d^{(i)}$ 和步长 $\alpha^{(i)}$ 的方法有多种,可根据问题的特点选择,如单纯形法、最速下降法、牛顿法等。

基于迭代的数值优化方法的一般步骤如图 8-8 所示,每一步迭代通常由两部分组成:①结构分析与收敛性检验;②修改模型参数获得一组新的设计变量值。由于做一次结构分析花费时间很多,所以需尽可能减少结构重分析的次数,在此前提下,可进一步减少优化处理(重设计)的工作量。

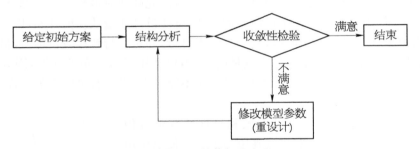

图 8-8 数值解法流程

5）准则设计法

准则设计法是从满应力准则设计方法发展起来的,广泛应用于工程实际问题中。满应力准则是一种简易可行的结构优化方法,它遵循的设计思想是:结构的每一个构件至少在一种荷载工况下应力达到饱满,构件的材料被得到充分地利用,由它们组成的结构重量应该最轻的。

在 20 世纪 60 年代,满应力准则被推广用来考虑其他约束条件,例如位移及稳定临界荷载、频率等约束,这些准则通常设定为,按一定方式定义的某种虚应变能在结构内各点取常数。用准则设计法求解结构优化问题时,通常从一个初始设计 $x^{(i)}$ 出发,按照以下迭代公式进行迭代寻优:

$$x^{(i+1)} = c^{(i)} x^{(i)} \tag{8-4}$$

得到改进的新设计 $x^{(i+1)}$。依据采用的准则来构造迭代公式(8-4),因此所谓改进的设计也就是满足准则更好的设计。如果新设计 $x^{(i+1)}$ 以足够的精度满足提出的准则,那么迭代结束时,$x^{(i+1)}$ 便是要求的最优设计,否则再重复以上的计算过程。

该方法是从工程观点出发,提出结构达到优化设计时应满足的某些准则,如满应力准则、能量准则等,然后用迭代法求出满足这些准则的解。这些优化准则大多数是根据已有的实践经验,通过一定的理论分析、研究和判断得到的,所以它是一种工程方法,它所得到的设计通常只是接近最优。

6)数学规划法与准则设计法的结合

作为结构优化设计方法的两大分支,数学规划法和准则法各有长短。准则设计法是从力学原理出发,建立一些最优准则,从而寻求用解析形式表达的结构设计参数,或者通过直观的迭代运算决定结构各单元的截面参数,但是缺乏严格的数学基础。准则设计法的主要特点是收敛快,重复分析次数少,且与设计变量数目无直接关系,计算工作量不大,但依赖具体的问题。数学规划法是从解极值问题的数学原理出发,运用数学规划中的各种方法,求得一系列设计参数的最优解,但是其计算效率并不理想。随着设计变量的增加,要求的迭代次数急剧增加,计算工作量增加得很快,这就使得在相当长的时间内,数学规划法的使用只限于较简单的问题。随着计算机能力的提高和数学规划法研究的进展,数学规划法求解规模也在不断增大。数学规划法的主要特点是,通用性好,有比较严格的理论基础,不依赖具体问题,但计算量大。

在 20 世纪 80 年代前后,结构优化数值方法的研究取得了多项重要的进展,其中之一是数学规划法和准则设计法的统一。作为准则设计法,人们发现可以利用数学规划中的最优化准则严格地推导出设计准则,而为了解决准则设计法遇到的有效和无效约束区分、主动和被动变量区分的困难,可以采用数学规划法中许多已经成熟的方法。另一方面,作为数学规划法,为了提高它的求解效率,人们发现需要充分利用结构优化问题的特点,利用传统的准则设计法中引进的各种近似。因此,结合这两种方法的混合法相继出现,如混合法、序列二次规划法(sequential quadratic programming,SQP)、移动渐近线方法(method of moving asymptotic,MMA)等。与数学规划法迅速发展相应,准则设计法也继续在一些涉及非线性动力响应等的优化问题中得到应用。

7)其他方法

随着计算机软硬件技术和计算科学的进步,还出现了一类启发式方法。例如,模拟生物进化的遗传算法,模拟金属凝固过程的模拟退火算法,模拟蚂蚁群体觅食的蚁群算法,模拟乐队演奏的和谐算法等。这类算法的适应性广泛,可以将商用的结构分析软件作为黑箱使用,因此降低了编程工作量,但计算工作量非常大。

8.2　结构拓扑优化设计

结构拓扑优化设计问题需要确定结构的连通性。对于离散的杆系结构,如桁架、刚架和网架,确定结构节点间杆件的连接状态;对于连续体结构,如二维平面结构,确定结构内孔洞数量,即确定结构是单连通还是多连通。

结构拓扑优化的主要困难在于:满足一定要求的结构拓扑形式具有很多种,这种拓扑形式难以定量描述或参数化,需要设计的区域预先未知。尽管结构拓扑优化设计难度大的缺点限制了这一技术的推广应用,但是它所带来的潜在经济效益却是尺寸优化和形状优化所无法比拟的,所以愈来愈多的工程师和研究者致力于这方面的研究,并且已经在某些方面取得了一系列重要的进展,出现了一批有效的拓扑优化方法,在机械装备结构设计等领域得到了应用。

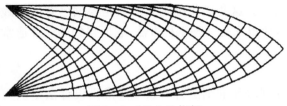

图 8 - 9 Michell 桁架

8.2.1 桁架结构拓扑优化

结构拓扑优化设计起源于桁架结构优化设计,1854 年,Maxwell 首次提出了应力约束下桁架最小质量的设计问题,并给出了相关的基本拓扑分析。1904 年,Michell 发展了考虑杆件具有相等的拉—压应力约束,单一载荷作用下最轻的桁架结构设计所满足的必要条件,被称为 Michell 准则,满足该准则的一类桁架结构设计也被称之为 Michell 桁架,如图 8 - 9 所示为简单的 Michell 桁架。

1964 年 Dorn 等人提出基结构方法(ground structure approach),将数值方法引入到桁架结构拓扑优化领域,促使桁架结构拓扑优化的研究应用得到较大发展。所谓基结构就是先将优化设计域进行均匀离散,再用杆件将这些离散的节点(包括载荷和边界支承节点)两两连接组成的一个密集桁架结构。该方法的基本思想是:以基结构模型为初始设计,依据特定的目标和约束,借助优化算法迭代地将基结构中的无效杆件进行删除,最终剩下的杆件即最优的结构拓扑构型。借助基结构方法进行桁架拓扑优化设计时,通常取杆件的横截面积为优化变量,即将原拓扑优化问题转化成了广义的尺寸优化问题。图 8 - 10 所示为基于基结构法的桁架结构拓扑优化设计例。

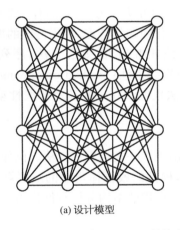

(a) 设计模型

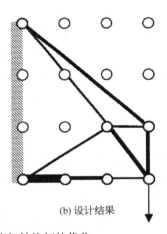

(b) 设计结果

图 8 - 10 基结构方法得到的桁架结构拓扑优化

8.2.2 连续体结构拓扑优化

现代的连续体结构拓扑优化是在 1988 年才开始的,Bendsøe 和 Kikuchi 提出了具有开创性的均匀化方法,提出了连续体拓扑优化的概念和求解途径。目前,连续体结构拓扑优化方面的研究主要集中在:均匀化方法(homogenization method)、变密度法(variable materials method)、渐进结构优化方法(evolutionary structural optimization,ESO)和水平集方法(level set method)等。从结构拓扑优化方法的基本思路来看,可以将它们分为两类:①改变优化对象的材料特性,主要包括均匀化方法和变密度法,均匀化方法将结构变成多孔材料,而变密度法改变了结构的密度;②改变优化对象的几何形状,主要包括 ESO 方法和水平集方法。

1) 均匀化方法

均匀化方法是连续体结构拓扑优化中最常用的方法,其基本思想是在拓扑结构的材料中引入微结构(单胞),微结构的形式和尺寸参数决定了宏观材料在此点的弹性性质和密度。优化过程中以微结构的单胞尺寸作为拓扑设计变量,以单胞尺寸的消长实现微结构的增删,并产生由中间尺寸单胞构成的复合材料,以拓展设计空间,实现结构拓扑优化模型与尺寸优化模型的统一和连续化。借助含有周期性分布微结构的复合材料,均匀化方法将拓扑优化设计问题转化为复合材料微结构参数的尺寸优化设计问题,应用优化准则法或数学规划方法来寻找多孔介质的最优分布。

　　基于有限元方法,在每个单元内构造不同尺寸的微结构,微结构的尺寸和方向为拓扑优化设计变量。如图 8 - 11 所示为一个微结构单元,该单元内布置 $a \times b$ 矩形孔的微结构,描述该微结构方位的角度为 θ,而这三个变量 a、b 和 θ 即为微结构单元的设计变量。采用复合材料理论的均匀化方法,根据微结构的尺寸和方向能计算出每个单元材料的弹性矩阵,作为形成整体矩阵的依据。通过改变设计变量,优化实体和孔洞的分布,形成带孔的结构,实现结构拓扑优化设计。对于三维拓扑优化设计问题可以类似定义三维微结构,变量也会相应增加,处理方法与二维类似。

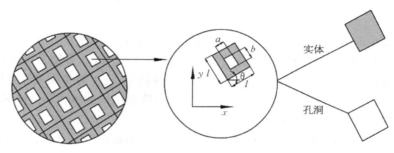

图 8 - 11　均匀化方法的微结构

2) 变密度法

　　变密度法 1992 年由 Mlejnek 提出,属材料(物理)描述方式的结构拓扑优化方法。变密度法的基本思想是人为引进了一种假想的密度可变的材料,其相对密度(人工密度)和杨氏模量之间的关系也是假定的,每个单元的人工相对密度为设计变量,将结构拓扑优化问题转化为材料最优分布设计问题,应用优化准则法或数学规划方法求解材料最优分布设计。变密度法中的人工密度是指材料密度和材料特性之间的一种对应关系。变密度法中的常见插值模型有:固体各向同性材料惩罚模型(Solid Isotropic Material with Penalization,SIMP)和材料属性的有理近似模型(Rational Approximation of Material Properties,RAMP)。SIMP 或 RAMP 模型通过引入惩罚因子对中间密度值进行惩罚,使中间密度向 0—1 聚集,拓扑优化设计结果能很好地逼近实体和孔洞分明的 0—1 优化结果。惩罚因子的作用可解释为,通过惩罚使得设计变量在 0 到 1 之间的材料对结构性能(设计目标)的贡献降低,即使得这部分材料"不经济",从而使得设计变量在优化过程中趋于 0 或 1。SIMP 和 RAMP 的材料密度—刚度插值模型如图 8 - 12 所示,通过引入惩罚因子 p 或 q 使设计变量的中间值对应的单元刚度逼近 0,从而降低这部分材料对结构刚度的贡献。通过优化迭代,具有中间值的设计变量将趋于 0 或 1。SIMP 和 RAMP 的数学模型、结构刚度矩阵、应变能(柔顺度)及其对设计变量的偏导数可表述如下:

　　SIMP:
$$E^p(x_i) = E_{\min} + x_i^p(E_0 - E_{\min})$$
(8 - 5)

$$K = \sum_{i=1}^{n} E^p(x_i) K_i \tag{8-6}$$

$$C(x) = \sum_{i=1}^{n} E^p(x_i) U_i^T K_i U_i \tag{8-7}$$

$$C'(x) = -\sum_{i=1}^{n} p x_i^{p-1}(E_0 - E_{min}) U_i^T K_i U_i \tag{8-8}$$

RAMP：
$$E^q(x_i) = E_{min} + \frac{x_i}{1 + q(1-x_i)}(E_0 - E_{min}) \tag{8-9}$$

$$K = \sum_{i=1}^{n} E^q(x_i) K_i \tag{8-10}$$

$$C(x) = \sum_{i=1}^{n} E^q(x_i) U_i^T K_i U_i \tag{8-11}$$

$$C'(x) = -\sum_{i=1}^{n} \frac{(1+q)}{[1+q(1-x_i)]^2}(E_0 - E_{min}) U_i^T K_i U_i \tag{8-12}$$

式中，n 为单元数，x_i 是取值在$[0,1]$上的设计变量，为了避免刚度矩阵的奇异性，$x_{min}=0.001$；p，q 分别是 SIMP 和 RAMP 的惩罚因子；$E^p(x_i)$，$E^q(x_i)$ 分别为 SIMP 和 RAMP 插值后的弹性模量；E_0，E_{min} 分别为实和空的单元的弹性模量，为了避免刚度矩阵的奇异性，E_{min} 取千分之一倍的 E_0；K_i，K 分别为单元的单位刚度矩阵和结构的整体刚度矩阵；U，C，C' 分别为结构的位移向量、柔度和柔度对设计变量的灵敏度。

变密度法虽然具有程序实现简单，计算效率高，应用相对简单等优点，但是由于材料的伪密度和刚度的关系是人为假定的，其对结果的影响仍需进一步研究。

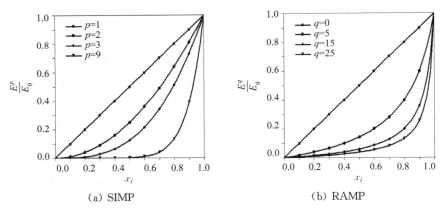

(a) SIMP　　　　　　　(b) RAMP

图 8-12 材料的密度—刚度插值模型

3) 渐进结构优化方法

渐进结构优化方法是 1993 年由澳大利亚华裔学者谢亿民和 Steven 提出，主要用于连续体结构拓扑优化设计问题。通过逐渐将无效或低效的材料删除，实现连续体结构拓扑优化，避免了多变量数学规划求解。ESO 法的思想源自于力学准则法，代表了一类基于力学准则法的拓扑优化设计方法。一般过程是反复进行有限元分析，按计算结果根据给定的材料演化策略，在低应力区删除一定比例的材料，或在高应力区添加一定比例的材料，逐渐逼近等应力结构，直至得到最优解。

下面以应力优化为例,简单介绍渐进结构优化法的原理和实施步骤。由于结构中的应力分布一般并不均匀,应力较高的区域是结构发生破坏的主要部分,需要添加材料;而应力较低的区域,材料没有得到充分的利用,可以去除这部分材料,达到同时节省材料和减重的目的,且对整个结构的性能影响很小。因此,渐进结构优化的应力优化准则为:逐渐去除结构中的低应力材料,使剩下的结构更有效地承担荷载,从而应力分布更加均匀。具体实施步骤如下:

第一步,在给定的荷载和边界条件下,定义设计区域,称为初始设计,用有限元网格离散该区域;

第二步:对离散的结构进行静力分析得到设计区域的应力分布;

第三步:明确强度理论,例如,对平面应力状态下的各向同性材料,可采用 Von Mises 应力准则,求出各单元应力 σ_e^{VM} 和最大的单元应力 $\sigma_{\max}^{VM}$,如果 σ_e^{VM} 满足

$$\sigma_e^{VM}/\sigma_{\max}^{VM} < RR_i \qquad (8-13)$$

则认为该单元处于低应力状态,可从结构中删除,其中 RR_i 为删除率;

第四步:重复第二步的有限元分析和第三步的删除单元,直到(8-13)式无法满足为止,即对应于 RR_i 的稳定状态已经达到,为使迭代继续进行,引入另一参数进化率 ER,从而下一稳定状态的删除率修改为

$$RR_{i+1} = RR_i + ER \qquad i = 0, 1, 2, 3, \cdots \qquad (8-14)$$

根据数值经验,迭代过程中初始删除率 RR_0 和进化率 ER 通常取 1%;

第五步:重复第二~四步直到结构质量或最大应力达到给定值。

8.2.3　结构拓扑优化的应用

结构拓扑优化因其设计自由度大,可以得到性价比良好的结构,目前已广泛应用于航空航天、汽车、船舶、机械装备等领域,特别是结构拓扑优化设计技术作为实现结构轻量化的主要手段之一,具有显著的优势。

1) 空客 A380 机翼前缘肋的拓扑优化

在民用航空工业中,减轻设计重量和缩短设计周期是两个非常突出的问题,传统的飞机设计思路已经无法满足这种需求,这需要将先进的计算机优化方法集成到全部部件的设计过程中。2003 年,空中客车公司的供应商 BAE SYSTEMS 首先应用拓扑优化技术来设计更轻巧更有效的航空部件。首批设计的部件包括机翼前缘肋、主翼盒肋、不同类型的机翼后缘支架以及机身门档和机身门交叉肋板。对于这些部件的优化设计,在很大程度上要考虑到对屈服性能的要求,同时还要考虑应力和刚度方面的要求。空客 A380 最优的机翼前缘肋,如图 8-13 所示,它们达到了重量的设计目标并满足了优化设计中所有的应力和屈曲标准,该项设计方案已经通过各种试验测试,整个襟翼部分的质量减轻了 44%,为每一架 A380 飞机带来的总体减重达到 $500\ \mathrm{kg}$。

2) 大型电除尘器结构的轻量化设计

大型电除尘器结构通常承受高温气体内压,又因一般在室外,需要考虑风载和地震载荷,因此结构自重很大,采用结构拓扑优化设计方法对其结构进行设计得到良好的效果。图 8-14 所示为进出口烟箱设计前后的结构,在质量减小 3.0% 的同时,刚度提高 18.8%。

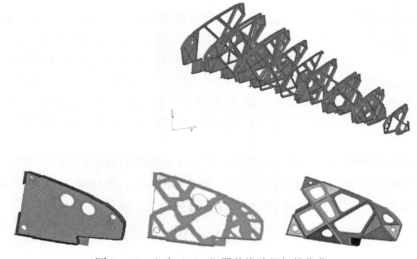

图 8‑13 空客 A380 机翼前缘肋的拓扑优化

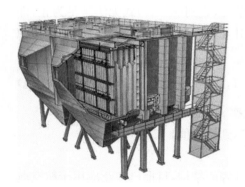 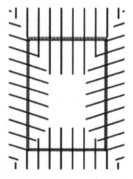 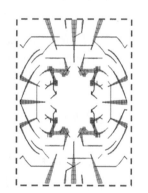

（a）大型电除尘器结构　　　　（b）原设计进口烟箱结构　　　（c）优化设计的进口烟箱结构

图 8‑14 大型电除尘器结构轻量化设计

3）机床床身结构轻量化设计

为了得到既有良好的静动态性能，又有较好经济性能的机床床身，采用结构拓扑优化设计方法对机床床身结构的加筋板分布进行优化设计。如图 8‑15 所示，优化设计结构与传统结构相比，筋板分布发生了明显的变化，在减重 9.22% 的情况下，一阶固有频率和变形均有大幅改善。

 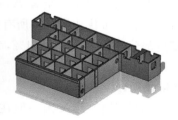 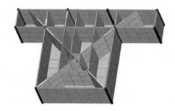

（a）机床床身结构　　　　　　（b）原设计　　　　　　（c）优化设计

图 8‑15 机床床身结构优化设计

8.3　结构形状优化设计

机械装备中许多重要结构或部件往往因为局部的应力集中而造成疲劳、断裂破坏,结构形状的优化设计是解决这类问题的有效途径之一。结构形状优化一般在结构拓扑优化设计后应用,可解决机械装备结构设计中复杂的应力集中等问题,具有很大的实用价值。结构形状优化设计主要通过改变区域的几何形状来达到某种意义下的最优,并要求某些物理量在边界上满足某种需要,即如何确定连续体结构的边界形状或内部几何形状(如不同材料或厚度的分布区域),或确定杆系结构的节点位置,以改善结构的受力特性。在连续体结构形状优化设计中,主要是以降低应力集中,改善应力(及温度场等)分布情况,提高疲劳强度,延长结构寿命作为优化目标。

结构形状优化将界面特性和结构外形(或坐标位置)一起作为设计变量,在优化过程中同时更新界面尺寸和形状以寻求最优结构。在与单一的进行截面优化或者尺寸优化相比,形状优化的设计空间维数升高了,因而可以获得更大的收益。但另一方面,随着设计变量的增加,与约束相互耦合,使问题的规模增大,问题的收敛求解更加困难,这成为阻碍形状优化发展的主要问题。

8.3.1　形状优化的设计变量

结构形状优化问题一般通过改变边界的几何形状来得到满足结构性能要求的最优设计,因此设计变量选取的好坏直接影响到优化结果的取舍。

结构形状优化设计中的设计变量是与结构的几何形状有关的。通常,形状设计变量确定了结构分析时的设计区域。例如,一个开槽的矩形块,如图 8 - 16 所示,槽的位置和尺寸由结构几何参数 C_x、C_y、D_y、r_1 和 r_2 确定,这 5 个参数就称为形状设计变量。不同的形状设计变量值会得到不同的结构形状,而不同的结构形状会产生不同的结构力学响应值。通常,这些形状设计变量在结构问题中并不是直接给出来的。

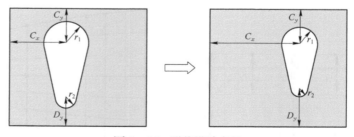

图 8 - 16　形状设计变量

对于桁架结构的形状优化,一般选择节点坐标作为设计变量。对于连续体结构,形状优化的设计变量比较复杂,一般有以下方法。

(1) 采用有限元网格的边界节点坐标作为设计变量,这种方法设计变量数十分庞大,同时优化过程中设计边界上光滑连续性条件无法保证,致使边界产生锯齿形状,或者有限元网格随着轮廓边界的移动出现扭曲或粗大,如图 8 - 17 所示,严重时会出现网格的畸变和退化,使形状优化失败。

(2) 采用边界形状参数化描写的方法,即采用直线、圆弧、样条曲线、二次参数曲线和二次曲面、柱面来描述边界,结构形状由顶点位置、圆心位置、半径、曲线及曲面插值点位置或几何

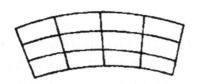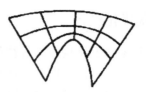

图 8 - 17 有限元网格边界移动

参数决定,各类曲线或曲面的不同形式构成了各种不同的边界描述方法。这种方法解决了采用有限元网格的边界节点坐标为设计变量的缺点。

（3）采用设计元方法,该方法把结构分成若干子域,每个子域对应一个设计元,设计元由一组控制设计元几何形状的主节点来描述,选择一组设计变量来控制主节点的移动。这种方法可以有效地减少设计变量,但是设计元在优化过程中也有网格致畸的缺点。

（4）用自然设计变量作为优化参数的形状优化方法,这种方法与前述三种以几何设计变量为优化参数的方法不同,它以加在结构控制点上的虚拟载荷为设计变量,认为虚拟载荷与相应产生的网格节点位移呈线性关系,并将该位移加到对应的节点坐标上构成新的有限元网格,然后由敏度分析确定新的虚拟载荷。如此反复,直至虚拟载荷为零。该方法的优点是优化过程中网格致畸的可能性较之几何设计变量方法有所降低。

8.3.2 结构形状优化应用

结构形状优化相对于结构拓扑优化设计自由度小,但相对于结构尺寸优化设计自由度大,目前形状优化的实际应用比拓扑优化多,已广泛应用于工程各领域。

尺寸为 $0.2\,\text{m}\times0.1\,\text{m}\times0.025\,\text{m}$ 的长方板,左侧固定,右侧 A 点处承受竖直向下的集中力 $P=10\,000\,\text{N}$。弹性模量为 $E=2.1\times10^9\,\text{Pa}$。位移约束在 A 点处,为 $DY\geqslant-0.008\,\text{m}$,Mises应力上限为 $42\,\text{MPa}$。设计变量和初始形状如图 8-18 所示,有限元网格采用 8 节点矩形单元,其中 x_1,x_2,$\cdots$,x_5 为形状设计变量。

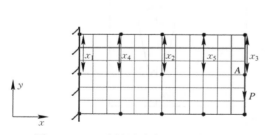

图 8 - 18 悬臂梁设计变量和初始形状

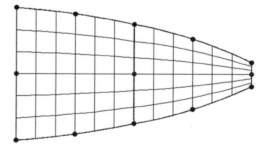

图 8 - 19 优化后的最优形状

经过形状优化设计,得到如图 8 - 19 所示最优结构形状。最优结构形状的面积达到 $0.016\,\text{m}^2$,下降 18.31%。A 点位移为 $-0.008\,\text{m}$,而最大应力下降到 $36.73\,\text{MPa}$,低于应力上限。

8.4 结构尺寸优化设计

结构尺寸优化设计一般以构件截面尺寸作为设计变量,如杆件截面积、梁单元截面尺寸、膜或板以及壳单元的厚度等,以降低结构重量,充分发挥材料的机械性能为优化设计目标,在结构强度、刚度等约束下进行寻优。一般情况下,尺寸设计变量与刚度矩阵为线性关系,在结构分析和优化算法的连接中,最优解的搜索过程并不改变结构的有限元网格模型,直接利用灵敏度分析和合适的数学规划方法就能完成尺寸优化。对于一定的几何状态,如固定节点位置和单元连接的桁架结构,有限元分析只是在杆件的横截面特性发生变化时需要重复进行;对于具有连续性结构的板或壳,将各单元厚度作为设计变量,优化结果是阶梯形分布的板厚度或壳厚度。结构尺寸优化的研究已经比较成熟,应用亦很广泛。事实上,结构优化设计的第一阶段是以尺寸优化起步的。尺寸优化虽然是结构优化中的最低层次,但它却为加深对结构优化问题的认识、使用各种不同类型的算法提供了宝贵的经验。

8.4.1　尺寸设计变量

尺寸优化是在给定结构的类型、拓扑和形状的基础上,对构件的尺寸进行优化,其设计变量可以是杆的横截面积、惯性矩,板的厚度,或是复合材料的分层厚度和材料方向角度。

对于梁和桁架结构来说,尺寸设计变量通常是横截面的几何尺寸。图 8-20 给出了定义常见的梁和桁架横截面的形状和参数的例子。例如,如果采用一个矩形横截面,那么横截面积可以定义为 $A = b \times h$,b 和 h 可作为设计变量。

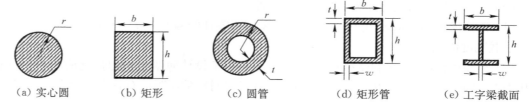

（a）实心圆　　（b）矩形　　（c）圆管　　（d）矩形管　　（e）工字梁截面

图 8-20　桁架和梁的横截面尺寸设计变量

8.4.2　尺寸优化设计的应用

图 8-19 所示的机床床身在进行拓扑优化得到床身内部加筋板分布的最优拓扑形态后,需进一步进行尺寸优化。由于是轻量化设计,因此把质量最小作为设计目标,而床身性能的主要评价指标是静刚度和动刚度。在静刚度的设计上,通过约束导向轨道水平方向变形的方差来保证;在动刚度设计上,则通过约束第一阶固有频率来保证。最后得到尺寸优化数学模型为:

$$\text{find：} X = [X_1, X_2, \cdots, X_n]^{\mathrm{T}} \in [X_{\min}, X_{\max}]$$
$$\text{min：} \quad M$$
$$\text{s. t. ：} \quad s^2 \leqslant [s]^2 \tag{8-15}$$
$$\qquad\qquad f_1 \geqslant [f_1]$$

式中,M 为优化后床身的质量;s^2 为优化后机床床身导向轨道变形的方差;$[s]^2$ 为机床床身导向轨道变形方差的许用值;f_1 为优化后结构的第一阶固有频率;$[f_1]$ 为设计要求的结构第一阶固有频率;X 为设计变量,定义床身底面、内部筋板和面板的厚度为设计变量,如图 8-21 所示;$X_{\min}$、$X_{\max}$ 为设计变量上下限。

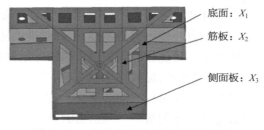

底面：X_1

筋板：X_2

侧面板：X_3

图 8-21　机床床身尺寸优化设计变量

优化后的结构在保证床身静动态刚度的条件下，实现了结构质量的最小。

8.5 结构优化设计软件及其应用

随着数字化设计方法的深入和推广，结构优化技术近年来在学术研究和商业软件开发方面都取得了长足进展，目前已有诸多商用结构分析和优化设计软件，包括 Ansys、Abaqus、Nastran、Tosca 和 OptiStruct 等。优化软件的最大优点是计算效率高，对于规模比较庞大的结构也能较快得出优化结果。

本节重点介绍 OptiStruct 软件在结构优化问题中的应用，并采用 OptiStruct 软件分别进行尺寸优化、形状优化和拓扑优化的算例进行分析。

8.5.1 OptiStruct 结构优化方法简介

OptiStruct 是专门为产品的概念设计和精细设计开发的结构分析和优化工具，它以有限元方法为基础，借由拓扑优化、形貌优化、形状优化和尺寸优化，可产生精细的设计改变或布局，提供完整可行的解决方案。OptiStruct 拥有快速精确的有限元求解器，并和 HyperMesh 之间有无缝的接口，从而使用户可以快捷地进行问题设置、提交和后处理等一整套操作。

OptiStruct 软件的优化方法主要有以下几种。

（1）拓扑优化（topology optimization）：主要用于零件的构型和筋条布置，也可用作大型组件的承载刚度优化。

（2）形貌优化（topography optimization）：主要用于设计薄壁结构的强化筋肋，它与拓扑优化类似，不同的是形貌优化不删减材料，只是通过对材料的压延筋布置来改变零件的刚度和频率。

（3）形状优化（shape optimization）：主要用于零件的局部细节调整设计，通过改变模型的某些形状参数达到改变模型的力学性能以满足具体要求。

（4）尺寸优化（size optimization）：通过改变零件单元的属性，如壳单元的厚度，杆、梁单元的截面属性及弹簧单元的刚度等以达到一定的设计要求。

OptiStruct 可对静力、模态、屈曲分析进行优化。在进行结构优化设计过程中，OptiStruct 允许在有限元计算分析时使用多个结构响应，用来定义优化的目标或约束条件。OptiStruct 支持常见的结构响应，包括：位移、速度、加速度、应力、应变、特征值、屈曲载荷因子、结构应变能，以及各响应量的组合等。

8.5.2 OptiStruct 迭代算法

OptiStruct 采用局部逼近的方法来求解优化问题。局部近似求解优化问题步骤如下：①采用有限元法分析相应物理问题；②收敛判断；③设计灵敏度分析；④利用灵敏度信息得到近似模型，并求解近似优化问题；⑤返回第①步。

设计变量更新采用近似化模型的方法求解，近似模型利用灵敏度信息建立。OptiStruct 采用三种方法建立近似模型：最优化准则法、对偶法和可行方向法；后两者都基于设计空间的凸线性化。最优化准则法用于典型的结构拓扑优化问题，目标函数为最小化应变能（或频率倒数、加权应变能、加权频率倒数、应变能指数等），约束条件为质量（体积）或质量（体积）分数。选择对偶法和可行方向法取决于约束和设计变量的数目，由 OptiStruct 自动选择。当设计变量数超过约束的数目（一般在拓扑优化和形貌优化中），对偶法较有优势。可行方向法刚好相反，多用于尺寸优化和形状优化中。

　　OptiStruct 中的收敛准则有两种,即规则收敛和软收敛,满足一种即可。当相邻两次迭代结果满足收敛准则时,即达到规则收敛,意味着相邻两次迭代目标函数值的变化小于目标容差,并且约束条件违反率小于 1%。当相邻两次迭代的设计变量变化很小或没有变化时,达到软收敛,这时没有必要对最后一次迭代的目标函数值或约束函数进行估值,因为模型相对于上次迭代没有变化。因此,软收敛比规则收敛少进行一次迭代。

8.5.3　基于 OptiStruct 的结构优化设计流程

　　基于有限元法的结构优化过程通常需要有限元前处理、计算以及后处理三大步。但是,在前处理部分除了常规的有限元建模以外,还需要对优化问题进行定义,计算求解过程中需要对优化参数进行评价。

　　优化问题的定义:根据结构设计的特点和要求,选择结构优化方法,将需要参与优化的数据(设计变量、约束条件及目标函数)定义为模型参数,为修正模型提供可能。

　　优化参数评价:优化处理器根据本次循环提供的优化参数(设计变量、约束条件及目标函数)与上次循环提供的优化参数作比较之后,确定该次循环目标函数是否已达到最小值,判断结构是否已达到了最优。如果最优,完成迭代,退出优化循环;否则,根据已完成的优化循环和当前优化变量的状态修正设计变量,重新投入循环。OptiStruct 结构优化设计流程如图 8 – 22 所示。

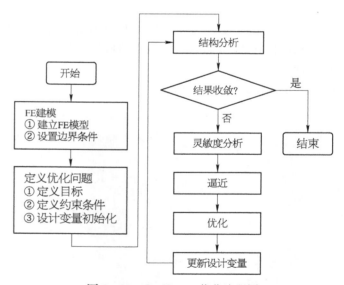

图 8 – 22　OptiStruct 优化流程图

　　OptiStruct 采用 HyperMesh 进行结构优化问题的前处理和定义,在 HyperMesh 中完成有限元建模后,利用优化定义面板完成设计变量、约束和目标函数,以及优化参数的定义;然后提交 OptiStruct 进行结构分析和优化;最后利用 HyperMesh 的后处理功能或 HyperView 对优化结果进行后处理。

8.5.4　优化算例

　　本节通过 OptiStruct 完成若干算例的拓扑优化、形状优化和尺寸优化,每个例子通过问题描述、计算步骤和结果说明等演示 OptiStruct 是如何实现结构优化的。

图 8 - 23 C形夹曲面模型

1) C形夹结构的拓扑优化

如图 8 - 23 所示为一个 C 形夹的曲面模型，优化目标是使用的材料最少，设计要求为：C 形夹的开口部分，即图中的 A 和 B 处的节点在 y 方向的位移不能超过 0.14 mm。

（1）优化问题建模。

优化目标：体积最小化。

约束条件：节点 A 在 y 轴方向的位移小于 0.07 mm，节点 B 在 y 轴方向的位移大于 —0.07 mm。

设计变量：单元密度。

（2）优化过程。

① 在 HyperMesh 中载入几何数据或建立几何模型；

② 定义材料属性和 components；

③ 生成有限元网格；

④ 施加载荷和边界条件；

⑤ 创建载荷工况；

⑥ 使用 HyperMesh 设置优化问题：定义优化的设计空间；定义优化响应、约束和目标函数；

⑦ 使用 OptiStruct 求解拓扑优化问题，确定最优的材料分布；

⑧ 对结果进行后处理。

（3）设计结果：密度分布结果如图 8 - 24 所示。

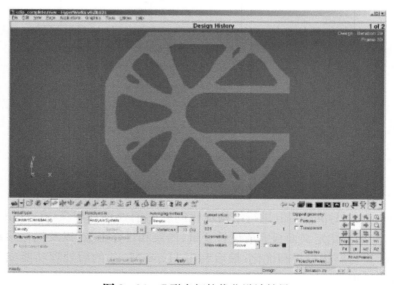

图 8 - 24 C形夹拓扑优化设计结果

2) 悬臂梁形状优化

如图 8 - 25 所示为一个悬臂梁模型，优化目标是体积最小，设计要求为载荷作用端最大位移小于 3.0 mm。

图 8 - 25 悬臂梁形状优化设计模型

（1）优化问题建模。

优化目标：体积最小化。

约束条件：梁的载荷作用端在向下的位移小于 3.0 mm。

设计变量：形状变量。

（2）优化过程。

① 在 HyperMesh 中载入几何数据或建立几何模型；

② 定义材料属性和 components；

③ 生成有限元网格；

④ 施加载荷和边界条件；

⑤ 创建载荷工况；

⑥ 使用 HyperMesh 设置形状优化问题：用 HyperMorph 创建形状控制点；定义形状设计变量；定义优化响应、约束和目标函数；

⑦ 使用 OptiStruct 求解形状优化问题，确定最优解；

⑧ 对结果进行后处理。

（3）设计结果：如图 8 - 26 所示，节点 1 115 的位移达到约束值 3.0 mm。

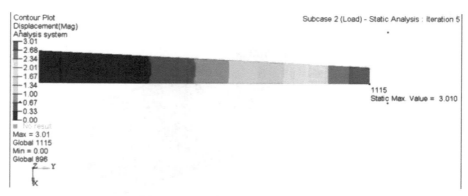

图 8 - 26 悬臂梁形状优化设计结果

3）三维连接结构的尺寸优化

如图 8 - 27 所示为一个三维连接结构模型，该结构由壳单元构成。优化目标是体积最小，设计要求在给定的两个工况下，载荷作用点的位移小于许用值。给出的 2 个工况包括：图示载荷作用点 x 方向作用集中力 $F_x = 1.0 \times 10^4$ N，z 方向作用集中力 $F_z = 1.0 \times 10^4$ N。

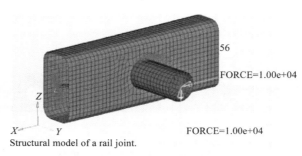

Structural model of a rail joint.

图 8 - 27 3D连接结构尺寸优化设计模型

（1）优化问题建模。

优化目标：体积最小化。

约束条件：载荷作用端在给定工况下的 x 方向位移小于 $0.9\,\mathrm{mm}$，z 方向位移小于 $1.6\,\mathrm{mm}$。

设计变量：壳单元厚度。

（2）优化过程。

① 在 HyperMesh 中载入几何数据或建立几何模型；

② 定义材料属性和 components；

③ 生成有限元网格；

④ 施加载荷和边界条件；

⑤ 创建载荷工况；

⑥ 创建尺寸优化设计变量；

⑦ 定义优化响应、约束和目标函数；

⑧ 使用 OptiStruct 求解尺寸优化问题，确定最优解；

⑨ 对结果进行后处理。

（3）设计结果：如图 8 - 28 所示，长方体部分壳体厚度为 $0.99\,\mathrm{mm}$，圆柱体部分壳体厚度为 $1.60\,\mathrm{mm}$。

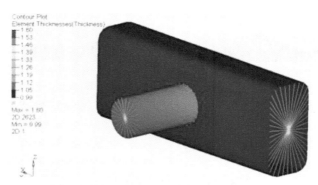

图 8 - 28 3D连接结构尺寸优化设计结果

思考与练习

1. 结构优化设计有哪些层次？分别适用于哪类问题？

2. 结构拓扑优化方法有哪些? 画出变密度法或 ESO 算法的流程图。

3. 结构形状优化变量一般如何定义?

4. 用相关结构分析和优化软件求下述问题最优拓扑优化结果:四边简支方板 $100\ \text{mm} \times 100\ \text{mm} \times 1\ \text{mm}$,中心承受集中力 $F = 1\,000\ \text{N}$,当体积分数为 0.5 时,使方板的刚度最大。

参考文献

［1］ 方键.机械结构设计[M].北京:化学工业出版社,2010.

［2］ 何萍,黎震.金属切削机床概论[M].北京:北京理工大学出版社,2013.

［3］ 贾亚洲.金属切削机床概论[M].2版.北京:机械工业出版社,2011.

［4］ 杨文彬,机械结构设计准则及实例[M].北京:机械工业出版社,1997.

［5］ 高锦张.塑形成型工艺与模具设计[M].北京:机械工业出版社,2015.

［6］ 小栗富士雄,小栗达男.机械设计禁忌手册[M].陈祝同,刘慧成,译.北京:机械工业出版社,2003.

［7］ 潘承怡,向敬忠.机械结构设计技巧与禁忌[M].北京:化学工业出版社,2013.

［8］ 冯辛安.机械制造装备设计[M].北京:机械工业出版社,1999.

［9］ 宋士刚,黄华.机械制造装备设计[M].北京:北京大学出版社,2014.

［10］ 范孝良,等.数控机床原理与应用[M].北京:中国电力出版社,2013.

［11］ 林宋,张超英,陈世乐.现代数控机床[M].2版.北京:化学工业出版社,2011.

［12］ 韩建海,廖效果.数控技术及装备[M].武汉:华中科技大学出版社,2007.

［13］ 蔡厚道,吴晞.数控机床构造[M].北京:北京理工大学出版社,2007.

［14］ 程耿东.工程结构优化设计基础[M].大连:大连理工大学出版社,2012.

［15］ 白新理,等.结构优化设计[M].郑州:黄河水利出版社,2008.

［16］ 甘永立.几何量公差与检测[M].10版.上海:上海科学技术出版社,2013.

［17］ 牛头刨床.http://v.youku.com/v_show/id_XMTQ3MzY1MzU2NA＝＝.html? debug＝flv,[2017-09-28].

［18］ 模块化双主轴机床.http://www.licon.com/de/aktuelles/media,[2017-09-28].